本書の構成と使い方

構　　成	使　い　方
教科書の整理 ▷	教科書のポイントをわかりやすく整理し，**重要語句**をピックアップしています。日常の学習やテスト前の復習に活用してください。 発展的な学習の箇所には **発展** の表示を入れています。
問・TRY ・Check のガイド ドリルのガイド ▷	教科書の問や TRY，Check，ドリルを解く上での重要事項や着眼点を示しています。解答の指針や使う公式は **ポイント** に，解法は **解き方** を参照して，自分で解いてみてください。
節末問題のガイド ▷	問・TRY・Check のガイドと同様に，節末問題を解く上での重要事項や着眼点を示しています。
実験のガイド ▷	教科書の「**実験**」を行う際の留意点や結果の例，考察に参考となる事項を解説しています。準備やまとめに活用してください。

⚠ここに注意 … 間違いやすいことや誤解しやすいことの注意を促しています。

👀もっと詳しく … 解説をさらに詳しく補足しています。

📖テストに出る … 定期テストで問われやすい内容を示しています。

思考力UP↑ … 実験結果や与えられた問題を考える上でのポイントを示しています。

表現力UP↑ … グラフや図に表すときのポイントを扱っています。

読解力UP↑ … 文章の読み取り方のポイントを扱っています。

JN059086

目　次

序章　化学と人間生活

教科書の整理

探究の取り組み

教科書 p.10～12

①**課題の把握（発見）**　興味をもったことや疑問に思ったことについて，詳しく調べたい対象を定め，解決したい課題を明確にする。

②**仮説の設定**　課題について，文献などの情報を調べ，現時点で考えられる情報をもとに，こうなるのではないかという予想（仮説）を立てる。

③**実験の計画**　仮説を確かめるには，どのような実験を行えばよいかを計画する。実験のおおまかな流れを考え，必要な器具などを検討する。安全に行えるか，時間内に終わるかなどを検討し，必要に応じて修正する。

④**実験・観察**　実験のようすを観察し，細かく記録をとる。うまくいかなかった場合は，原因を考え，条件や方法を変えてみる。

⑤**結果の整理・処理**　結果を整理し，表やグラフにまとめる。結果から，仮説が検証できたかを判断する。

⑥**結果の報告**　レポートにまとめたり，発表したりする。実験の条件や結果を正確に示し，他の人が実験を行っても同じ結果が得られるようにする。

実験のガイド

教科書 p.7　🧪 **実 験**　うがい薬の色の変化を調べる

ガイド

|**準備**|　あめは，成分表示を確かめて，ビタミンCが含まれているものと，含まれていないものを用意する。

|**方法**|　あめの成分表示を確かめてから，うすめたうがい薬を入れたペットボトルに1粒ずつ入れ，あめが十分に溶けるまで3分ほど待つ。

|**考察**|　(1)　一部のペットボトルでは，あめが溶けるとうがい薬の色が消える。

(2)　ビタミンCが含まれているあめの場合は，うがい薬の色が消える。

うがい薬に含まれている褐色のヨウ素 I_2 は，ビタミンCによって無色のヨウ化物イオン I^- に変化する。そのため，うがい薬の色が消える。

第Ⅰ章　物質の構成

第1節　物質の成分と構成元素

教科書の整理

❶ 物質の成分

教科書 p.16～21

A 混合物と純物質

①**混合物**　2種類以上の物質が混じり合ってできている物質。

②**純物質**　1種類の物質だけからできている物質。

B 混合物の分離・精製

①**分離**　混合物から目的の物質を取り出す操作。

②**精製**　分離された物質から不純物を取り除く操作。

③**ろ過**　液体と液体に溶けない固体との混合物を，ろ紙などを用いて分離する操作。ろ紙を通過した液体を**ろ液**という。

④**蒸留**　液体を含む混合物を加熱して目的の液体を気体に変え，これを冷却して再び液体にして分離する操作。

> ⚠️**ここに注意**
>
> **純物質**は，融点，沸点，密度が物質ごとに一定。
> **混合物**は混合の割合で融点，沸点，密度が異なる。

📝テストに出る

蒸留の注意点

❶　温度計の球部を枝付きフラスコの枝の位置にする。←[理由]枝に向かう蒸気の温度を測定するため。

❷　溶液はフラスコの容量の半分以下にする。←[理由]沸騰したときに液体が枝に入らないようにする。

❸　リービッヒ冷却器の冷却水は下部から上部に流す。←[理由]冷却器全体を冷却水で満たして効率よく冷却する。

❹　三角フラスコは密栓しない。←[理由]フラスコ内の内圧が上昇しないようにする。

・**分留**（分別蒸留）　液体どうしの混合物を蒸留し，沸点の違いを利用して分離する操作。　**例**　石油の分留

⑤**昇華法**　加熱，冷却により昇華しやすい物質を分離する操作。

・**昇華**　固体が液体を経ずに直接気体になる変化。

　例　ヨウ素と砂の混合物から，ヨウ素を分離する。

> 🔍**もっと詳しく**
>
> 蒸発しやすい性質を**揮発性**，蒸発しにくい性質を**不揮発性**という。

⑥**再結晶** 温度による溶解度の変化を利用して，固体に含まれる少量の不純物を取り除く精製法。

・**溶解度** ある温度の一定量の水に溶けうる溶質の最大量。

> **教科書 p.19** 📎**Plusα** **再結晶の原理**
>
> **溶解度曲線** 溶解度と温度との関係を表すグラフ。
>
> 少量含まれる不純物は冷却しても溶解度を下まわるため析出しないので，目的の物質を結晶として分離できる。

⑦**抽出** 物質の溶媒への溶けやすさの違いを利用し，混合物から目的の物質だけを溶媒に溶かして分離する操作。

・**溶媒** 水やヘキサンのような，物質を溶かす液体。

⑧**クロマトグラフィー** ろ紙などに対する吸着力の違いから，物質の移動速度が異なることを利用した分離法。

ペーパークロマトグラフィー	ろ紙を用いる。
カラムクロマトグラフィー	シリカゲルの粉末などをガラス管（カラム）に詰めたものを用いる。
薄層クロマトグラフィー	板ガラスなどにうすくシリカゲルを固着させたものを用いる。

② 物質の構成元素　　教科書 p.22〜26

A 元素

①**元素** 物質を構成している基本的な成分。

②**元素記号** 各元素を表す記号。　例　H, O, Cl

B 化合物と単体

①**単体** 1種類の元素からなる純物質。

②**化合物** 2種類以上の元素からなる純物質。

> **⚠ここに注意**
>
> 単体と元素は同じ名称でよばれることが多く，混同しやすい。
>
> ・**単体**：具体的な性質をもち，実際に存在する物質を指す。
>
> 「水素 H_2 が燃えて水になる。」という場合，燃えるという具体的な性質をもった物質である単体の水素を意味する。
>
> ・**元素**：物質を構成する成分元素を指す。
>
> 「水には水素 H が含まれる。」という場合，水に含まれる成分元素を意味する。

C 同素体

①**同素体**　同じ元素からなるが，性質の異なる単体を，互いに同素体という。

元素	同素体と性質	元素	同素体と性質
O	**酸素** O_2　無色・無臭	S	**斜方硫黄**　常温で安定
	オゾン O_3　淡青色・特異臭		**単斜硫黄**　放置すると斜方硫黄に変化する。
C	**黒鉛**　黒色でやわらかい。電気をよく導く。	P	**黄リン**　猛毒。自然発火するので水中に保存する。
	ダイヤモンド　無色・透明で非常にかたい。電気を導かない。		**赤リン**　毒性が小さい。自然発火しない。

D 元素の確認

①**炎色反応**　物質を炎に入れると，その成分元素に特有の発色が見られる現象。

元素	リチウム Li	ナトリウム Na	カリウム K	カルシウム Ca	ストロンチウム Sr	バリウム Ba	銅 Cu
炎色	赤色	黄色	赤紫色	橙赤色	赤(紅)色	黄緑色	青緑色

・**そのほかの元素の確認方法**

元素	操作	変化
塩素 Cl	水溶液に硝酸銀水溶液を加える。	白色沈殿(塩化銀 $AgCl$)の生成
炭素 C	発生した気体を石灰水に通じる。	白色沈殿(炭酸カルシウム $CaCO_3$)が生成し，石灰水が白濁
水素 H	生成した液体を硫酸銅(II)無水塩にふれさせる。	白色の硫酸銅(II)無水塩が青色の硫酸銅(II)五水和物になる。
	生成した液体を塩化コバルト紙にふれさせる。	青色から赤色に変化

❸ 状態変化と熱運動

教科書 p.27〜29

A 拡散と熱運動

①**熱運動**　物質を構成する粒子の不規則な運動。温度が高いほど，物質の熱運動のエネルギーは大きくなる。

②**拡散**　熱運動によって，物質を構成する粒子が広がっていく現象。温度が高いほど速く拡散する。

⚠️**ここに注意**
熱運動は液体や固体でもみられる。

教
科
書
の
整
理
　
第
1
節

B 物質の三態

① **物質の三態**　物質の, **固体, 液体, 気体**の3つの状態。

② **状態変化**　物質の三態が, 温度や圧力の変化によって相互に変化すること。

③ **物理変化**　状態変化のように, 集合状態だけが変化する。粒子の種類は変わらない変化。

④ **化学変化**　水を電気分解すると水素と酸素になるように, 粒子が異なる粒子に変化し, 性質の異なる物質が生じる変化。

> **もっと詳しく**
>
> 固体が気体になる状態変化を**昇華**, 気体が固体になる状態変化を**凝華**という。

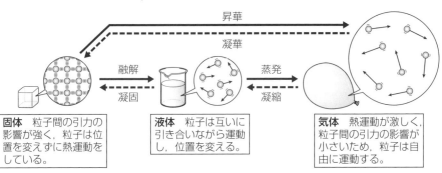

| **固体** 粒子間の引力の影響が強く, 粒子は位置を変えずに熱運動をしている。 | **液体** 粒子は互いに引き合いながら運動し, 位置を変える。 | **気体** 熱運動が激しく, 粒子間の引力の影響が小さいため, 粒子は自由に運動する。 |

融　解	固体が液体になる状態変化。固体を加熱すると粒子の熱運動のエネルギーが大きくなって粒子間の引力の影響が弱くなり, 粒子の規則正しい配列がくずれて液体になる。固体が融解し始める温度を**融点**という。
凝　固	液体が固体になる状態変化。液体を冷却すると, 粒子の熱運動のエネルギーが小さくなって粒子間の引力の影響が強くなり, 粒子が規則正しく配列するようになり, 固体となる。
蒸　発	液体が気体になる状態変化。液体の表面付近にある, 熱運動のエネルギーが大きい粒子が粒子間の引力を振り切って, 液体の表面から飛び出して気体になる現象。
沸　騰	液体を加熱すると, 熱運動のエネルギーが大きい粒子が増加して液体の内部でも液体が気体になる変化が起こり, 気泡を生じるようになる現象。沸騰が起こるときの温度を**沸点**という。
凝　縮	気体が液体になる状態変化。気体を冷却していくと, 粒子の熱運動のエネルギーが小さくなり, 粒子は粒子間の引力を振り切れなくなって, 液体になる。

教科書 p.29　**発展**　**熱運動の指標―絶対温度―**

・**絶対零度**　粒子の運動が停止する温度。−273.15 ℃

・**絶対温度**　絶対零度を0度として目盛りの間隔をセルシウス温度(記号℃)と同じ間隔で表した温度。単位は**ケルビン**(記号K)。

実験のガイド

教科書 p.21　🧪　実 験　1. しょう油から食塩を取り出す

方法　・しょう油を加熱するときは，水分が蒸発しても煙が出なくなるまで加熱を続けて，しょう油に含まれる有機化合物を燃焼させる。

　　・ろ液を加熱するときは，弱火でおだやかに加熱し，水を蒸発させる。この操作を蒸発乾固という。

考察　・蒸発乾固して得られた結晶は，立方体の形をしていて，純粋な塩化ナトリウムの結晶とよく似ている(同じである)から，しょう油は塩化ナトリウムと有機化合物から構成されていることがわかる。

　　・しょう油中の有機化合物を燃焼させて得たものに蒸留水を加えてろ過し，ろ液を蒸発乾固すると，塩化ナトリウムを分離することができる。

教科書 p.26　🧪　実 験　2. 重曹の構成元素を確認する

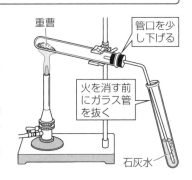

重曹

管口を少し下げる

火を消す前にガラス管を抜く

石灰水

　この実験の化学変化は，中学校の理科で学習した，炭酸水素ナトリウム(重曹)の熱分解である。この化学変化の化学反応式は次の通り。

$$2NaHCO_3 \longrightarrow Na_2CO_3 + H_2O + CO_2$$

方法　・試験管の口を下げるのは，加熱分解により発生した液体が試験管の加熱部分に流れ落ちて，試験管が急に冷やされて割れるのを防ぐためである。

　　・火を消す前に石灰水からガラス管を抜くのは，石灰水が試験管に逆流するのを防ぐためである。

考察　(1)方法❶：ナトリウム元素に特有の黄色の炎色反応が現れたことから，重曹にはナトリウム Na が含まれていることがわかる。

　　方法❷：石灰水を白濁させる気体は二酸化炭素である。重曹の加熱によって二酸化炭素が発生したことにより，重曹には炭素 C が含まれていることが確認できる。

二酸化炭素を石灰水(水酸化カルシウムの飽和水溶液)に通じると，次の反応が起こる。

$$Ca(OH)_2 + CO_2 \longrightarrow CaCO_3 + H_2O$$

生じた炭酸カルシウム $CaCO_3$ はほとんど水に溶けず白色沈殿となるので，石灰水は白濁する。

方法❸：硫酸銅(Ⅱ)無水塩を青色に変化させる液体は水 H_2O である。重曹の加熱によって水が発生したことから，重曹には水素 H が含まれていることが確認できる。

(2) 重曹は純度 99 % 以上の炭酸水素ナトリウム $NaHCO_3$ である。構成元素として Na，H，C が含まれている。

思考力UP↑
・「石灰水」とあれば，二酸化炭素の検出，炭素 C の確認と考えよう。
・「硫酸銅(Ⅱ)無水塩」とあれば，水の検出，水素 H の確認と考えよう。

もっと詳しく
水の検出，水素 H の確認には，青色の塩化コバルト紙を用いる方法もある。青色の塩化コバルト紙は，水がふれると赤色に変化する。

教科書 p.27 実験 3. 拡散の速さを確認する

ガイド

方法 60 ℃の蒸留水には，インクも 60 ℃にして滴下する。

考察 常温の蒸留水とインクよりも，60 ℃の蒸留水とインクのほうが速く拡散する。

拡散は，蒸留水を構成する粒子とインクを構成する粒子の熱運動によって起こるので，温度が高いほど，水やインクの粒子の熱運動のエネルギーが大きくなり，速く拡散することがわかる。

問・TRY・Checkのガイド

教科書 p.16 TRY ① 上白糖，食卓塩，しょう油の成分をそれぞれ調べ，これらを純物質と混合物に分類せよ。ただし，最も多い成分が 99% 以上含まれている場合は，純物質としてよい。

解き方 成分は食品に表示されている成分表，本，ネットなどで調べる。

- 上白糖：上白糖 100 g 中に，主成分のショ糖（スクロース）97.6 g のほかに，ブドウ糖（グルコース）0.6 g，果糖（フルクトース）0.6 g などの糖*や水分が含まれている。 *糖は有機化合物の純物質
- 食卓塩：純度 99% 以上の塩化ナトリウム。ほかに湿気を防止してサラサラにするために炭酸マグネシウムなどが少量含まれている。
- しょう油：しょう油 100 g 中に，塩化ナトリウム 16 g，水 69.7 g，ほかにタンパク質や炭水化物などの有機化合物が少量含まれている。

答 純物質：**食卓塩** 混合物：**上白糖，しょう油**

教科書 p.17 問 1 次の物質を，純物質と混合物に分類せよ。
空気 窒素 水蒸気 石油 ドライアイス 塩化ナトリウム

ポイント 1 種類の物質だけからできているものが純物質。
2 種類以上の物質が混じり合ってできているものが混合物。

解き方
- 空気は窒素や酸素などさまざまな気体が混じり合っているので混合物である。
- 窒素は 1 種類の物質なので純物質である。
- 水蒸気は水が気体に変化したもので 1 種類の物質なので純物質である。
- 石油は何種類もの炭化水素*などが混じり合った混合物。 *炭化水素は，炭素Cと水素Hだけからなる有機化合物の総称で，多くの種類がある。
- ドライアイスは二酸化炭素の固体なので純物質である。
- 塩化ナトリウムは 1 種類の物質なので純物質である。

答 純物質：**窒素，水蒸気，ドライアイス，塩化ナトリウム**
混合物：**空気，石油**

教科書
p.21
問 2

次の混合物を分離する操作として，最も適切なものを下から選べ。

(1) 硫酸銅(Ⅱ)水溶液から，水を取り出す。

(2) 茶葉に湯を注いで，茶の成分を取り出す。

　　ろ過　蒸留　昇華法　再結晶　抽出　ペーパークロマトグラフィー

ポイント

> 目的の物質が混合物中にどのような状態で混じっているかを考える。

解き方

(1) 硫酸銅(Ⅱ)と水の混合物である硫酸銅(Ⅱ)水溶液から，沸点の低い水を気体にして取り出す。

(2) お湯を注ぐと，茶葉の成分が湯に溶け出す。

読解力UP↑

(1)溶媒は蒸留，溶質は再結晶で取り出せる。

答(1)　蒸留　　(2)　抽出

教科書
p.21
Check

物質の性質を知るには，まず混合物から純物質を取り出す必要があった。ここで学習した分離方法を原理とともにまとめてみよう。

答

分離法	混合物	原理
ろ過	液体と固体	ろ紙の目(穴)より大きい固体はろ紙の上に残り，液体はろ紙の目を通り抜けて，ろ液になる。
蒸留	液体に固体などが溶けた液	加熱して目的の液体だけを蒸発させ，冷やして液体に戻す。
昇華法	ヨウ素と砂の混合物など	加熱して昇華しやすい物質を気体にして集め，冷却して，再び固体に戻して取り出す。
再結晶	少量の不純物が混ざった固体	温度による溶解度の変化を利用する。熱水に混合物を溶かしてからゆっくり冷却し，析出した固体を集める。不純物は少量なので析出しない。
抽出	ヨウ素とヨウ化カリウムの水溶液(ヨウ素液)など	溶媒への溶けやすさを利用する。ヨウ素だけをヘキサンに溶かして集める。
クロマトグラフィー	水性インクに含まれる色素の分離など	ろ紙などに対する吸着力の違いを利用する。吸着力の弱いものほど速く移動するので，インクがいくつかの色素に分かれて分離する。

教科書
p.22
問 3

次の物質のうちから，単体を 2 つ選べ。
銅　　二酸化炭素　　塩化水素　　窒素　　塩化ナトリウム

ポイント　　**1 種類の元素からなる純物質が単体である。**

解き方　二酸化炭素は炭素と酸素から，塩化水素は塩素と水素から，塩化ナトリウムは塩素とナトリウムからできている化合物である。

答 銅，窒素

教科書
p.24
問 4

ある水溶液に浸した白金線を炎に入れると，赤紫色の炎色が見られた。この水溶液に含まれる元素は何か。

ポイント　　**炎色反応の色は元素によって決まっている。**

解き方

元素	Li	Na	K	Ca	Sr	Ba	Cu
炎色	赤色	黄色	赤紫色	橙赤色	赤(紅)色	黄緑色	青緑色

答 カリウム

教科書
p.25
TRY ②

p.21 の実験 1 で蒸発乾固して得られた結晶が塩化ナトリウムであることは，どのようにして確認すればよいか。

解き方　塩化ナトリウムは塩素とナトリウムからなる化合物なので，塩素とナトリウムが含まれていることを確認する。塩素は硝酸銀水溶液で塩化銀の沈殿ができることで確認し，ナトリウムは炎色反応で確認する。

答 結晶を蒸留水に溶かして水溶液にする。水溶液に浸した白金線を炎に入れて，黄色の炎色が見られればナトリウム Na が含まれていることが確認できる。水溶液に硝酸銀水溶液を加えて塩化銀の白色沈殿が生じれば，塩素 Cl が含まれていることが確認できる。塩素とナトリウムの化合物であることより，結晶は塩化ナトリウム NaCl である。

教科書 p.26
TRY ③

実験２の方法❷で，火を消す前にガラス管を抜かないと，石灰水が逆流するのはなぜか。

解き方　火を消して温度が下がると，気体の粒子の熱運動のエネルギーが小さくなったり，水蒸気が水になったりして，試験管内の気体の圧力が低くなる。

答 試験管内の気体の温度が下がって，圧力が低くなるから。

教科書 p.26
Check

物質を構成する元素は，どのようにして調べられるだろうか。塩素，炭素，水素について，説明してみよう。

解き方　塩素は水溶液に硝酸銀水溶液を加えると，塩化銀の白色沈殿ができることで確認する。炭素は発生した気体が二酸化炭素であることを石灰水で確認する。水素は生成した液体が水であることを，硫酸銅(Ⅱ)無水塩や青色の塩化コバルト紙で確認する。

答 塩素：水溶液に硝酸銀水溶液を加えて白濁すれば，もとの物質は塩素を含む。

炭素：加熱したり塩酸を加えたりして発生させた気体を石灰水に通す。石灰水が白濁して気体が二酸化炭素であることが確認できれば，もとの物質は炭素を含む。

水素：化学変化により液体を生成させ，液体が水であることが①，②の方法で確認できれば，もとの物質は水素を含む。①硫酸銅(Ⅱ)無水塩が白色から青色に変化する。②塩化コバルト紙が青色から赤色に変化する。

教科書 p.29
Check

氷，液体の水，水蒸気はいずれも同じ物質であるが，状態が異なるのはなぜだろうか。融解と蒸発を説明してみよう。

解き方　氷，水，水蒸気と変化するにつれ，粒子の熱運動のエネルギーは大きくなって，粒子を結びつける粒子間の引力の影響が小さくなる。

答 氷，液体の水，水蒸気では，それぞれ粒子を結びつける粒子間の引力の影響と，粒子の熱運動のエネルギーの大きさが異なるため。

融解：固体を加熱すると粒子の熱運動が激しくなり，粒子間の引力の影響が小さくなって，液体に変化する現象。

蒸発：液体の表面にある熱運動のエネルギーが大きい粒子が，粒子間の引力を振り切って，液体の表面から気体となって飛び出す現象。

節末問題のガイド

教科書 p.31

❶ 物質の分類

関連：教科書 p.16〜17，22

次の各物質を混合物，化合物，単体に分類せよ。

(ア) 空気　　(イ) 鉄　　(ウ) 石灰水　　(エ) ダイヤモンド

(オ) 水蒸気　(カ) オゾン　(キ) ドライアイス

ポイント　混合物，化合物，単体とは，どのような物質かを確認して分類する。

解き方　(ア) 空気は酸素と窒素を主成分とする混合物である。

(イ) 鉄 Fe は 1 種類の元素，鉄だけからなる単体である。

(ウ) 石灰水は水酸化カルシウムの飽和水溶液なので，混合物である。

(エ) ダイヤモンド C は 1 種類の元素，炭素だけからなる単体である。

(オ) 水蒸気は気体の水 H_2O で，酸素と水素の化合物である。

(カ) オゾン O_3 は 1 種類の元素，酸素だけからなる単体である。

(キ) ドライアイスは二酸化炭素 CO_2 の固体で化合物である。

答　混合物：(ア)，(ウ)　化合物：(オ)，(キ)

単体：(イ)，(エ)，(カ)

❷ 混合物の分離

関連：教科書 p.17，19〜20

次の各記述のうち，昇華法を表す記述として適切なものを 1 つ選べ。

(ア) 溶媒への溶解性の差を利用し，混合物から目的の物質を溶媒に溶かして分離する操作。

(イ) 固体と液体の混合物から，ろ紙などを用いて固体を分離する操作。

(ウ) 温度による溶解度の差を利用し，より純粋な物質を析出させて分離する方法。

(エ) 固体の混合物を加熱し，固体から直接気体になる成分を気体にし，気体を冷却して分離する操作。

ポイント　昇華は，固体が直接気体になる状態変化。

解き方　昇華法は，加熱により昇華しやすい固体の物質を気体にし，その後冷却して再び固体にして取り出す分離法。(ア)は抽出，(イ)はろ過，(ウ)は再結晶。

答　(エ)

❸ 蒸留

関連：教科書 p.18

図は，海水を蒸留して水を取り出す装置である。

(1) (ア)と(イ)の器具の名称を記せ。

(2) 水を流す方向は，A，B のいずれがよいか。理由とともに答えよ。

(3) この図において，不適切な部分を2箇所指摘し，どのように改めればよいかを説明せよ。

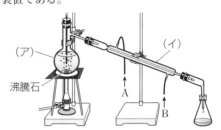

(ア)　(イ)

沸騰石

A

B

ポイント ①温度計の球部は枝の付け根　②液はフラスコの容量の半分以下

③沸騰石を入れる。　④冷却水は下から上へ流す。

⑤三角フラスコは密閉しない。

解き方 (1) (ア)は枝がついた丸底フラスコ，(イ)は器具の間に冷却水を流し，水蒸気を冷却して液体の水に戻すための冷却器。

(2) 冷却水を下から上に流すと，冷却器内を水で満たすことができる。

(3) 温度計は，枝付きフラスコの枝へ向かう水蒸気の温度を測定するために入れている。フラスコ内の海水が多すぎると，沸騰して飛び散った海水が冷却器に流れ込むおそれがある。

答 (1) (ア)　枝付きフラスコ　　(イ)　リービッヒ冷却器

(2) **B**　理由：上部から流すと冷却効率が悪くなるため。

(3) 温度計の球部の位置：枝付きフラスコの枝の付け根の位置に固定する。

枝付きフラスコ内の溶液の量：枝付きフラスコの容量の半分以下にする。

---

❹ 元素と単体

関連：教科書 p.22〜23

次の各記述の下線部の「酸素」は，元素と単体のいずれを示しているかを答えよ。

(ア) 水を電気分解すると，水素と酸素が発生する。

(イ) 水にも過酸化水素にも，酸素が含まれている。

(ウ) 酸素とオゾンは，互いに同素体である。

(エ) 酸素の同素体には，酸素とオゾンがある。

ポイント 「単体」は具体的な性質をもつ物質を指し，「元素」は物質を構成する成分を指す。

解き方 (ア)　水を電気分解すると，気体の水素
H_2 と気体の酸素 O_2 が発生するとい
う文なので，「単体」を意味してい
る。

思考力UP↑
・下線部の酸素が，気体の酸素
の意味なら，「単体」である。
・下線部の酸素を「酸素元素」
と置き換えて意味が通じれば
「元素」である。

(イ)　水 H_2O にも，過酸化水素 H_2O_2
にも，酸素元素 O が含まれている。

(ウ)　気体の酸素 O_2 と気体のオゾン O_3 は，互いに同素体である。

(エ)　酸素元素 O の同素体には，気体の酸素とオゾンがある。

答 (ア)　**単体**　　(イ)　**元素**　　(ウ)　**単体**　　(エ)　**元素**

❺ 同素体　　　　　　　　　　　　　　　　　関連：教科書 **p.23**

次の記述について正誤を判断し，正しければ「○」，誤っていれば「×」と答
えよ。
(ア)　黒鉛には電気伝導性があるが，ダイヤモンドには電気伝導性がない。
(イ)　単斜硫黄を長時間放置すると，安定な斜方硫黄になる。
(ウ)　黄リンと赤リンは，いずれも空気中で自然発火する。

ポイント 同じ元素からなる単体で，性質が異なる単体を同素体という。
同素体をもつおもな元素は，炭素 C，酸素 O，硫黄 S，リン P

解き方 (ア)　黒鉛は，黒色でやわらかく，電気伝導性があり，電気をよく導く。
ダイヤモンドは，無色透明できわめてかたく，電気を導かない。

(イ)　硫黄の同素体のうち，常温では斜方硫黄が
最も安定している。単斜硫黄もゴム状硫黄も
常温で放置すると，斜方硫黄になる。

もっと詳しく
斜方硫黄を加熱して
液体にし，ゆっくり
冷却すると，針状の
単斜硫黄になる。

(ウ)　黄リンは，空気中で自然発火するので，水
中に保存する。赤リンは，自然発火しない。
また，黄リンは猛毒であるが，赤リンは毒性
が小さい。

答 (ア)　○　　(イ)　○　　(ウ)　×

節末問題のガイド 第1節

❻ 元素の確認

関連：教科書 p.24〜25

次の変化で確認される元素の元素記号を記せ。

(1) 酸素と反応して生じた液体が，硫酸銅(Ⅱ)無水塩を青色にした。
(2) 水溶液に硝酸銀水溶液を数滴加えると，白色沈殿を生じた。
(3) 水溶液に浸した白金線を炎に入れると，炎が青緑色になった。
(4) 酸素と反応して生じた気体が，石灰水を白濁させた。

ポイント 炎色反応による元素の確認，沈殿反応による炭素または塩素の確認，水素元素の確認のいずれにあたるかを考える。

解き方 (1) 白色の硫酸銅(Ⅱ)無水塩を青色にしたことから，生じた液体は水であり，酸素と反応する前の物質には，水素 H が含まれている。

(2) 硝酸銀 $AgNO_3$ と反応して，塩化銀 $AgCl$ の白色沈殿が生じたことから，溶質には塩素 Cl が含まれている。

(3) 青緑色の炎色反応を示す元素は，銅 Cu である。

(4) 石灰水(水酸化カルシウムの飽和水溶液)は，二酸化炭素と反応して炭酸カルシウムの白色沈殿を生じて，白濁する。したがって，酸素と反応して生じた気体は二酸化炭素 CO_2 で，酸素と反応する前の物質は炭素 C を含んでいることが確認できる。

答 (1) H　　(2) Cl　　(3) Cu　　(4) C

【論述問題】

❼ 物質の三態

関連：教科書 p.29

水を例に，蒸発と沸騰の違いを説明せよ。

ポイント 蒸発は液体の表面から粒子が飛び出して気体になる現象，沸騰は液体の内部からも気体になる変化が起こる。

解き方 蒸発は，水の表面から粒子が水蒸気になって飛び出す現象で，沸騰は液体の内部で水が水蒸気に変わる状態変化が起こる現象である。

答 蒸発は，熱運動のエネルギーの大きい粒子が，粒子間の引力を振り切り，液体表面から飛び出して気体になる現象で，沸点以下でも起こる。
沸騰は，加熱により熱運動のエネルギーの大きい粒子が増加し，沸点に達すると液体内部から水が水蒸気に変化して気泡が生じる現象である。

第2節 原子の構造と元素の周期表

教科書の整理

① 原子の構造

教科書 p.34〜41

A 原子の存在

①**原子説**　1803年にドルトン（イギリス）が提唱した，物質は最小の粒子である**原子**からできているという説。その後，原子はさらに小さい粒子からできていることがわかった。

> ⚠ ここに注意
> 元素は，原子の種類を表す。

B 原子の構成

①**原子**　原子は，原子核と電子から構成されている。

②**原子核**　原子の中心にあり，正の電荷をもつ。原子核は正の電荷をもつ**陽子**と電荷をもたない**中性子**から構成されている。

③**電子**　原子核の周りを取りまく負の電荷をもった粒子。

> 🐛もっと詳しく
> 原子核の大きさは原子の約10万分の1。

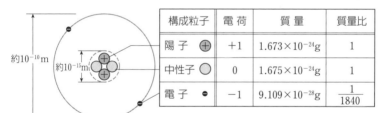

構成粒子	電荷	質量	質量比
陽子 ⊕	+1	1.673×10^{-24}g	1
中性子 ◯	0	1.675×10^{-24}g	1
電子 ●	−1	9.109×10^{-28}g	$\dfrac{1}{1840}$

約10^{-10}m　約10^{-15}m

ヘリウム原子のモデルと構成粒子

> 🐛もっと詳しく
> ・（陽子1個のもつ電荷の絶対値）＝（電子1個がもつ電荷の絶対値）
> ・原子に含まれる陽子の数と電子の数は等しい。➡原子全体としては電気的に中性。

④**原子番号**　原子核にはその元素に固有の数の陽子が含まれている。この陽子の数を原子番号という。

　　　原子番号＝陽子の数（＝電子の数）

⑤**質量数**　**質量数＝陽子の数＋中性子の数**

> 🐛もっと詳しく
> 原子の質量は，陽子と中性子の質量の総和にほぼ等しい。

> 📝テストに出る
>
> **原子の構成表示**
> 元素記号の左下に原子番号，左上に質量数を記す。

例　ヘリウム原子

質量数→4
原子番号→2 He
元素記号

C 同位体

①**同位体**(アイソトープ) 原子番号が同じで,質量数が異なる(陽子の数は同じで,中性子の数が異なる)原子を互いに同位体という。同位体は陽子の数,電子の数が同じなので,化学的な性質はほぼ同じである。

D 放射性同位体

①**放射性同位体**(ラジオアイソトープ) 放射線を放出する同位体。原子核が不安定で,放射線を出して他の原子に変化する。放射線を放出する能力を**放射能**という。

②**壊変(崩壊)** 放射性同位体が放射線を出して,他の元素の原子に変化すること。

壊変	放出する放射線	原子の変化
α壊変	α線(ヘリウム ^4_2He の原子核の流れ)	原子番号が2,質量数が4減少した原子になる。
β壊変	β線(電子 e^- の流れ)	中性子が陽子に変化するため,原子番号が1増加した原子になる。質量数は変化しない。
γ壊変	γ線(高エネルギーの電磁波)	原子番号も質量数も変化しない。

③**半減期** 壊変によって,放射性同位体の量がもとの半分になるまでの時間。半減期は,各同位体に固有の値である。

E 電子配置

①**電子殻** 電子は,原子核を中心とするいくつかの層に分かれて存在すると考えられ,この層を電子殻という。電子殻は内側から,K殻,L殻,M殻,N殻…とよばれる。

②**閉殻** 最大数の電子が収容された電子殻。

③**電子配置** 各電子殻への電子の配分のされ方。一般にエネルギーの低い内側の電子殻から順に電子が収容される。

   例 ナトリウム原子(電子数11個)の場合
   内側から,K殻に2個,L殻に8個,M殻に1個の電子が入る。

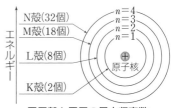

N殻(32個) $n=4$
M殻(18個) $n=3$
$n=2$
$n=1$
L殻(8個)
原子核
K殻(2個)
エネルギー

電子殻と電子の最大収容数

11+

ナトリウム原子の電子配置

F 価電子

①**最外殻電子**　最も外側の電子殻（最外殻）に存在する電子。

②**価電子**　原子がイオンになるときや，他の原子と結びつくときに重要なはたらきをする電子。一般に最外殻電子が価電子としてはたらく。価電子の数が等しい原子は，互いに似た性質を示す。

③**貴ガス**　ヘリウム He，ネオン Ne，アルゴン Ar などの原子は**貴ガス**（希ガス）とよばれ，最外殻電子の数がヘリウムは2個，それ以外は8個の安定な電子配置をとる。

　　貴ガスはイオンになりにくく，他の原子と反応しにくい。そのため，**貴ガスの価電子の数は0**とする。

> **テストに出る**
>
> 最外殻電子は原子番号の増加とともに規則的に変化し，8で最大になる。

教科書の整理　第2節

教科書 p.40,41　**Plusα**　**原子の構成はどのように解明されてきたか**

・**陰極線**　両端に電極をつけたガラス管（クルックス管）の真空放電時に見られる，陰極から陽極に向かって直進する光線のようなもののこと。1897年に，J.J. トムソン（イギリス）は，陰極線が電子の流れであることを明らかにした。

・**発光スペクトル**　水素を封入した放電管に高い電圧をかけて放電すると，決まった波長の光を含む発光が見られる。これを水素原子の発光スペクトルという。発光スペクトルについて，ボーア（デンマーク）は，電子がエネルギーの高い電子殻から内側のエネルギーの低い電子殻に

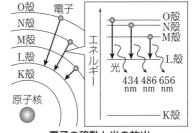

電子の移動と光の放出

移動するときに，そのエネルギーの差に相当する波長の光が放出されると考え，電子殻の考え方を確立した。

・電子をエネルギーの高い電子殻に移動させることを**励起**といい，エネルギーの高い原子の状態を**励起状態**，もとのエネルギーの低い状態を**基底状態**という。

❷ イオン

教科書 p.42〜44

A イオンの生成と表し方

①**陽イオン** 正の電荷をもつ粒子。原子が電子を失うと，陽イオンになる。失った電子の数をイオンの価数という。

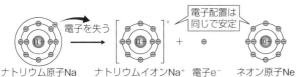

ナトリウム原子 Na は最外殻に価電子を 1 個もつ。その価電子を失って，貴ガスのネオン原子 Ne と同じ電子配置の 1 価のナトリウムイオン Na^+ になって安定する。

②**陰イオン** 負の電荷をもつ粒子。原子が電子を受け取ると，陰イオンになる。受け取った電子の数をイオンの価数という。

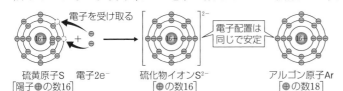

硫黄原子 S は最外殻に価電子を 6 個もつ。電子 2 個を受け取って 2 価の硫黄物イオン S^{2-} になり，貴ガスのアルゴン原子 Ar と同じ電子配置になって安定する。

③**単原子イオン** 原子 1 個からなるイオン。

④**多原子イオン** 2 個以上の原子の集まり（原子団）からなるイオン。

テストに出る

イオンの表し方
　構成する原子の元素記号の右上に正または負の電荷とイオンの価数を添えた化学式で表す。

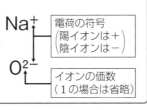

電荷の符号（陽イオンは＋，陰イオンは−）

イオンの価数（1 の場合は省略）

⚠ここに注意

イオンの電子配置は，原子番号が最も近い貴ガスの電子配置（貴ガス型電子配置）になることが多い。

もっと詳しく

元素記号を用いて物質を表した式を**化学式**といい，イオンを表す化学式はイオン式ともよばれる。

B イオンの生成とエネルギー

①**第1イオン化エネルギー** 原子から電子1個を取り去って，1価の陽イオンにするのに必要な最小のエネルギー。イオン化エネルギーの小さい原子ほど，陽イオンになりやすい。

②**電子親和力** 原子が電子を取り入れて陰イオンになるときに放出するエネルギー。一般に電子親和力の値が大きい原子ほど陰イオンになりやすい。

もっと詳しく
1価の陽イオンからさらに電子を1個取り去るのに必要なエネルギーを，第2イオン化エネルギーという。

③ 元素の相互関係

教科書 p.45〜49

A 元素の周期律

①**元素の周期律** 元素を原子番号の順に配列すると，価電子の数が規則的に変化するために，第1イオン化エネルギーの値，単原子イオンの半径や単体の融点などが周期的に変化する。このような周期性を元素の周期律という。

B 元素の周期表

①**元素の周期表** 元素の周期律にもとづいて，元素を原子番号の順に並べ，性質の似た原子が縦に並ぶように配列した表。

・**族** 元素の周期表の縦の列

・**周期** 元素の周期表の横の行。同じ周期の原子は，最外殻が同じ電子殻になる。

例 第1周期：K殻，第2周期：L殻，第3周期：M殻

もっと詳しく
元素の周期律は，19世紀後半にメンデレーエフ（ロシア）らによって見出された。

元素の周期表

教科書の整理　第2節

②**同族元素**　元素の周期表の同じ族に属する元素。同族元素の原子は，一般に価電子の数が同じで化学的性質が似ている。

> **・特に性質がよく似ている同族元素**
> **アルカリ金属**：Hを除く1族元素　　**ハロゲン**：17族元素
> **アルカリ土類金属**：2族元素　　　　**貴ガス**　：18族元素

③**典型元素**　1，2，13〜18族の元素。

④**遷移元素**　3〜12族の元素。

	典型元素	遷移元素
最外殻電子の数	族の1の位の数に一致する。価電子としてはたらく(貴ガスは除く)。	1〜2個
化学的性質	同族元素で類似している。	同一周期の隣り合う元素でも類似している。
単体の密度	小さいものが多い。	大きいものが多い。
化合物の色	無色のものが多い。	有色のものが多い。

⑤**金属元素**　水素を除き，周期表の左側にある元素。元素の約8割を占める。遷移元素はすべて金属元素である。

⑥**非金属元素**　水素と周期表の右側にある元素。典型元素には金属元素と非金属元素がある。

⑦**陽性**　金属元素は，価電子の数が少なく，電子を失って陽イオンになりやすい。このような性質を陽性という。

⑧**陰性**　非金属元素は，価電子の数が多く，電子を受け取って陰イオンになりやすい。このような性質を陰性という。

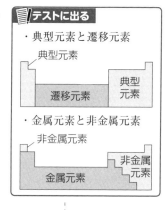

> **📃テストに出る**
> ・典型元素と遷移元素
> ・金属元素と非金属元素

	金属元素	非金属元素
原子の性質	・**陽性**が強い。 ・周期表の左下にあるものほど，陽性が強い。	・**陰性**が強い。 ・貴ガスを除き，周期表の右上にあるものほど陰性が強い。
単体の性質	・常温で固体(水銀は液体)。 ・金属光沢を示す。 ・電気や熱をよく導く。	・常温で固体や気体(臭素は液体)。 ・電気や熱を導きにくい。

実験のガイド

| 教科書 p.47 | 🧪 実 験 | **4. アルカリ金属の単体の性質を調べる** |

ガイド

┃方法┃ ・アルカリ金属の単体は皮膚を激しくおかすので，直接触れないようにする。目に入ると失明の恐れがあるので，実験中は必ず保護メガネを着用する。

・アルカリ金属の単体は，水と激しく反応するので，よく乾いた器具を用いる。

・アルカリ金属の単体は，空気中の水蒸気や酸素と反応しやすいので，灯油中に保存されている。取り出すときには水で濡らさないようにしながら，ピンセットでろ紙の上に取り出す。

・水との反応を見るときには，水に入れたらすぐに時計皿でふたをする。

┃考察┃ ・リチウム，ナトリウム，カリウムは，ナイフで切断できるほど，やわらかい。

・アルカリ金属の単体は空気中の酸素と反応するために，切断面はすぐに金属光沢がなくなり，色が変わる。

・アルカリ金属は常温の水と激しく反応する。
このとき，密度が小さいので水に浮く。
　密度：リチウム 0.53 g/cm^3，ナトリウム 0.97 g/cm^3，カリウム 0.86 g/cm^3。リチウムは，保存する灯油（密度約 0.8 g/cm^3）にも浮いている。

・カリウムは融点が低いので，反応熱によって融解し，しばらくすると炎を上げて燃える。
　融点：リチウム 181℃，ナトリウム 98℃，カリウム 64℃

・水との反応でフェノールフタレイン溶液が赤色になることから，アルカリ金属の単体が水と反応すると，塩基性（アルカリ性）の物質ができることがわかる。また，このときに水素が発生する。

$$2Na + 2H_2O \longrightarrow 2NaOH + H_2$$
　　　　　　　　　　塩基性の物質（水酸化ナトリウム）

問・TRY・Checkのガイド

教科書 **p.35**
問1

次の原子に含まれる陽子，中性子，電子の数はそれぞれ何個か。

(1) $^{16}_{8}O$ (2) $^{35}_{17}Cl$ (3) $^{37}_{17}Cl$ (4) $^{238}_{92}U$

ポイント

陽子の数＝電子の数＝原子番号
中性子の数＝質量数－陽子の数

解き方

(1) 陽子の数＝電子の数＝8
    中性子の数＝16－8＝8

陽子の数＋中性子の数＝ 質量数
陽子の数＝電子の数＝ 原子番号

$^{37}_{17}Cl$

(2) 陽子の数＝電子の数＝17
    中性子の数＝35－17＝18

(3) 陽子の数＝電子の数＝17　中性子の数＝37－17＝20

(4) 陽子の数＝電子の数＝92　中性子の数＝238－92＝146

答

	陽子の数	中性子の数	電子の数
(1) $^{16}_{8}O$	8個	8個	8個
(2) $^{35}_{17}Cl$	17個	18個	17個
(3) $^{37}_{17}Cl$	17個	20個	17個
(4) $^{238}_{92}U$	92個	146個	92個

教科書 **p.36**
問2

次のうち，互いに同位体の関係にあるものを選び，陽子の数と中性子の数をそれぞれ答えよ。ただし，元素記号はすべて M で表している。

(1) $^{13}_{6}M$ (2) $^{14}_{5}M$ (3) $^{14}_{6}M$ (4) $^{15}_{7}M$

ポイント

同位体どうしは，原子番号が同じである。

解き方

原子番号(陽子の数)が同じ(1)と(3)は同位体である。
陽子の数は原子番号と同じで6個。中性子の数は，
質量数－原子番号で，(1)は 13－6＝7，(3)は 14－6＝8

テストに出る
同位体は陽子の数が同じで，中性子の数が異なる。

答 同位体…(1)と(3)

(1) $^{13}_{6}M$：陽子の数… **6個**，中性子の数… **7個**

(3) $^{14}_{6}M$：陽子の数… **6個**，中性子の数… **8個**

教科書 p.37 問 3

原子番号 113，質量数 278 のニホニウム Nh が α 壊変を 1 回すると，原子番号と質量数はいくつになるか。

ポイント　α壊変では，原子番号が 2，質量数が 4 減少する。

解き方　α壊変が 1 回行われると，ヘリウム $_2^4$He の原子核(陽子 2 個と中性子 2 個)が放出されて原子番号は 2 減少して 111 に，質量数は 4 減少して 274 になる。ニホニウムはレントゲニウム $_{111}^{274}$Rg に変化する。

答原子番号：**111**　質量数：**274**

教科書 p.37 問 a

ある遺跡から発掘された木片を調べると，^{14}C の割合が大気中の $\frac{1}{16}$ であった。この木片のもととなった木は何年前に伐採されたと考えられるか。

ポイント　^{14}C の割合は，5730 年ごとに $\frac{1}{2}$ になる。

解き方　^{14}C の割合は，伐採されて 5730 年後には $\frac{1}{2}$ に，$5730×2=11460$ 年後には $\left(\frac{1}{2}\right)^2=\frac{1}{4}$ になる。$\frac{1}{16}=\left(\frac{1}{2}\right)^4$ になるのは，$5730×4=22920$ 年後。

答22920 年前

教科書 p.38 問 4

表 3 に示された原子番号 4 以降の原子のうち，$_3$Li と似た性質を示す原子はどれか。元素記号ですべて記せ。

ポイント　価電子の数が等しい原子は，互いに似た性質を示す。

解き方　リチウム $_3$Li の価電子の数は 1 なので，表 3 において，価電子の数が 1 のナトリウム $_{11}$Na とカリウム $_{19}$K は，$_3$Li と似た性質を示す。

答Na，K

教科書
p.39
問 5

(ア)～(オ)の電子配置で示される原子の価電子数はいくらか。また，これらの原子の名称を記せ。

(ア) 　(イ) 　(ウ) 　(エ) 　(オ)

ポイント

> **貴ガス以外の原子は，最外殻電子が価電子になる。**
> **電子の総数＝原子番号**

解き方 (ア)　最外殻電子数＝価電子数＝1
　　　　　電子の総数が1個より，原子番号が1の水素。

(イ)　最外殻電子数＝価電子数＝5，電子の総数より原子番号が7の窒素。

(ウ)　最外殻電子が8個なので，貴ガスである。よって，価電子数は0で，電子の総数より，原子番号が10のネオン。

(エ)　最外殻電子数＝価電子数＝1，電子の総数より原子番号が11のナトリウム。

(オ)　最外殻電子数＝価電子数＝3，電子の総数より原子番号が13のアルミニウム。

📝テストに出る

よく出てくる重要な原子は覚えておこう。

原子番号	1	2	3	…	6	7	8	9	10	11	12	13	14	15	16	17	18	19	20
原子	H	He	Li		C	N	O	F	Ne	Na	Mg	Al	Si	P	S	Cl	Ar	K	Ca

答 (ア)　1，水素　　(イ)　5，窒素　　(ウ)　0，ネオン
(エ)　1，ナトリウム　　(オ)　3，アルミニウム

教科書
p.39
Check

原子を構成する粒子と元素の性質には，どのような関係があるだろうか。電子に注目して説明してみよう。

解き方 イオンになるときや他の原子と結合するときに，価電子が1個のリチウム $_3Li$ やナトリウム $_{11}Na$ はその電子を失いやすく，価電子が7個のフッ素 $_9F$ や塩素 $_{17}Cl$ は電子を1個取り入れやすい。このように，価電子の数が等しい元素は似た性質を示す。

答 価電子の数が等しい元素は，互いに似た性質を示す。

教科書 p.42 問 6　マグネシウム原子 $_{12}$Mg および塩素原子 $_{17}$Cl から生じる貴ガス型電子配置をもつイオンの電子配置を，図9，図10にならってそれぞれ示せ。

ポイント　価電子を放出したり，受け取ったりして，最外殻電子が 8 個の貴ガス型の安定な電子配置にする。

解き方　$_{12}$Mg の価電子は 2 個なので，これを取り去るとネオン Ne の電子配置になる。

$_{17}$Cl の価電子は 7 個なので，電子を 1 個受け取るとアルゴン Ar の電子配置になる。

読解力UP↑　貴ガス型電子配置は最外殻電子が 8 個（ヘリウムは 2 個）。

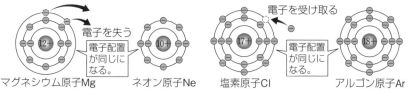

マグネシウム原子Mg　　電子を失う　電子配置が同じになる。　ネオン原子Ne　　塩素原子Cl　　電子を受け取る　電子配置が同じになる。　アルゴン原子Ar

答　Mg^{2+}　　　　　Cl$^-$

教科書 p.43 問 7　次の原子から生じる安定なイオンの化学式と名称を記せ。また，そのイオンと同じ電子配置をもつ貴ガスの名称を記せ。

(1) Na　(2) O　(3) K　(4) F　(5) Al　(6) Ca

ポイント　安定なイオンの電子配置は，原子番号が最も近い貴ガスの電子配置と同じになる。

解き方
(1) Na の原子番号は 11，電子を 1 個失って原子番号 10 のネオンの電子配置になる。

(2) O の原子番号は 8，電子を 2 個受け取ってネオンの電子配置になる。

(3) K の原子番号は 19，電子を 1 個失って原子番号 18 のアルゴンの電子配置になる。

(4) F の原子番号は 9，電子を 1 個受け取ってネオンの電子配置になる。

(5) Al の原子番号は 13，電子を 3 個失ってネオンの電子配置になる。

(6) Ca の原子番号は 20，電子を 2 個失ってアルゴンの電子配置になる。

答(1) Na$^+$, ナトリウムイオン, ネオン

(2) O^{2-}, 酸化物イオン, ネオン

(3) K$^+$, カリウムイオン, アルゴン

(4) F$^-$, フッ化物イオン, ネオン

(5) Al^{3+}, アルミニウムイオン, ネオン

(6) Ca^{2+}, カルシウムイオン, アルゴン

教科書 p.43 問 8　次のイオン1個に含まれる電子の総数を記せ。

(1) Li$^+$　(2) S^{2-}　(3) Mg^{2+}　(4) H$_3$O$^+$　(5) CO$_3{}^{2-}$

ポイント　陽イオンは原子番号から放出した電子の数を引き，陰イオンは原子番号に受け取った電子の数を足す。

解き方(1) リチウム Li 原子が，電子を1個放出して陽イオンになった。

　Li 原子の電子の数（＝原子番号）−1＝3−1＝2

(2) 硫黄 S 原子が電子を2個受け取って陰イオンになった。

　S 原子の電子の数（＝原子番号）＋2＝16＋2＝18

(3) マグネシウム Mg 原子が電子を2個失って陽イオンになった。

　Mg 原子の電子の数（＝原子番号）−2＝12−2＝10

(4) （H の電子の数）×3＋（O の電子の数）−1＝1×3＋8−1＝10

(5) （C の電子の数）＋（O の電子数）×3＋2＝6＋8×3＋2＝32

答(1) 2個　　(2) 18個　　(3) 10個　　(4) 10個　　(5) 32個

教科書 p.44 Check　原子がどのようなイオンになりやすいかは，何によって決まるだろうか。電子配置に注目して説明してみよう。

解き方　価電子が少ない原子は，価電子を全部取り去って貴ガス型の電子配置の陽イオンになる。価電子が多い原子は，電子を受け取って最外殻電子が8個の貴ガス型の電子配置の陰イオンになる。

答原子が陽イオン，陰イオンのどちらになりやすいかは，価電子の数で決まる。価電子が1〜3個の原子は，陽イオンになりやすい。価電子が6〜7個の原子は陰イオンになりやすい。

教科書 p.48 問 9

次の元素のうちから，典型元素であり，金属元素であるものを2つ選べ。

F　　Na　　Al　　P　　S　　Cu　　Br

ポイント

> 典型元素のなかでおもな金属元素を覚えよう。1族アルカリ金属，2族アルカリ土類金属，13族のアルミニウム，14族のスズと鉛。

解き方

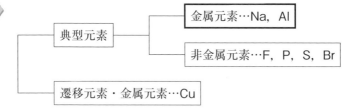

答 Na，Al

教科書 p.49 Check

周期表を見ると，元素の性質についてどのような情報がわかるだろうか。イオン化エネルギー，陽イオン，陰イオンへのなりやすさについて，説明してみよう。

解き方

・イオン化エネルギーは，同周期の元素では価電子を1個もつ1族のアルカリ金属で最も小さく，価電子0の18族の貴ガスで最大になる。同族の元素では最外殻が原子核に近い，周期表の上にある元素ほど，最外殻電子を強く引きつけるので，イオン化エネルギーが大きい。

・陽イオンへのなりやすさ：イオン化エネルギーが小さい元素のほうが，陽性が大きく陽イオンになりやすい。

・陰イオンへのなりやすさ：電子親和力が大きい元素ほど，陰イオンになりやすい。電子親和力は，同周期の元素では17族の元素が最も大きく，貴ガスを除き，周期表の右上にある元素ほど陰イオンになりやすい。

答 イオン化エネルギー：同周期では1族の元素が最も小さく，18族の貴ガスが最も大きい。最も右上にあるヘリウムが最大になる。

陽イオンへのなりやすさ：周期表の左下にある元素ほど，陽イオンになりやすい。

陰イオンへのなりやすさ：貴ガスを除き，周期表の右上にある元素ほど，陰イオンになりやすい。

節末問題のガイド

教科書 p.51

❶原 子

関連：教科書 p.35

次の記述のうちから，誤りを含むものを 2 つ選べ。

(ア) すべての原子の原子核には，中性子が含まれる。

(イ) すべての原子の原子核には，陽子が含まれる。

(ウ) 原子核中の陽子の数が等しい原子どうしは，同じ元素である。

(エ) 原子の大きさは原子核の大きさの 10 倍程度である。

ポイント 原子核には陽子が含まれ，その数は，元素ごとに決まっている。

解き方 (ア) ¦H の原子核は陽子 1 個からなり，中性子は含まれない。誤り。

(イ) すべての原子は原子核に固有の数の陽子をもつ。正しい。

(ウ) 陽子の数は元素に固有で，陽子の数が同じ原子は同じ元素の原子である。陽子の数が同じで，中性子の数が異なる原子を，互いに同位体というが，同位体は同じ元素の原子である。よって，正しい。

(エ) 原子の大きさは原子核の大きさの約 10 万倍である。誤り。

答 (ア)，(エ)

【論述問題】

❷原子の質量

関連：教科書 p.35

原子の質量は，原子核の質量とほぼ等しい。その理由を簡潔に述べよ。

ポイント 電子 1 個の質量は，陽子，中性子に比べて非常に小さい。

解き方 原子核の質量＝陽子の質量＋中性子の質量

原子の質量＝原子核の質量＋電子の質量

電子 1 個の質量は，陽子や中性子の質量の 1840 分の 1 で，陽子や中性子に比べて非常に小さい。

答 電子の質量は，陽子や中性子の質量の 1840 分の 1 と，きわめて小さいため。

❸ 原子の電子配置

関連：教科書 p.38～39，42

次の電子配置をもつ原子について，下の各問に答えよ。

(ア) 　(イ) 　(ウ) 　(エ) 　(オ)

(1)　(ア)～(オ)の各原子の名称と価電子の数をそれぞれ記せ。

(2)　互いに似た性質を示す原子はどれとどれか。(ア)～(オ)の記号で記せ。

(3)　価電子を失いやすい原子はどれか。(ア)～(オ)の記号で記せ。

(4)　電子配置が安定で，化合物をつくりにくい原子はどれか。(ア)～(オ)の記号で記せ。

ポイント　最外殻が閉殻または最外殻電子が 8 個の原子は安定している。

解き方　(1)　原子では，電子の総数＝陽子の数＝原子番号

(ア)　原子番号が 6 なので炭素原子 C。価電子(＝最外殻電子)の数は 4 。

(イ)　原子番号が 9 なのでフッ素原子 F。価電子(＝最外殻電子)の数は 7 。

(ウ)　原子番号が 10 なので，ネオン原子 Ne である。最外殻が閉殻の貴ガスなので，価電子の数は 0 である。

(エ)　原子番号が 12 なので，マグネシウム原子 Mg である。価電子(＝最外殻電子)の数は 2 である。

(オ)　原子番号が 17 なので塩素原子 Cl。価電子(＝最外殻電子)の数は 7 。

(2)　価電子の数が等しい原子は，互いに似た性質を示す。(イ)と(オ)は価電子の数が 7 で，ともに 17 族のハロゲンである。

(3)　価電子の数が少ない原子は，電子を放出して陽イオンになりやすい。(エ)のマグネシウムは価電子の数が 2 で，電子を放出して 2 価の陽イオンになりやすい。

(4)　(ウ)の貴ガスのネオンは，最外殻電子が 8 個で，最外殻が閉殻であることから，電子配置が安定で，他の原子と反応しにくく，化合物をつくりにくい。

答　(1)　(ア)　炭素原子，4 個　　(イ)　フッ素原子，7 個

(ウ)　ネオン原子，0 個　　(エ)　マグネシウム原子，2 個

(オ)　塩素原子，7 個

(2)　(イ)と(オ)　　(3)　(エ)　　(4)　(ウ)

節末問題のガイド 第2節

❹ イオンの電子配置

関連：教科書 p.42

次のイオンのうち，ネオン原子 $_{10}Ne$ と同じ電子配置をもつものを2つ選び，(ア)～(カ)の記号で表せ。

(ア) Li^+ (イ) S^{2-} (ウ) Na^+ (エ) Cl^-

(オ) Al^{3+} (カ) K^+

ポイント ネオンと同じ10個の電子をもつイオンを選ぶ。

解き方 陽イオンの電子の数＝原子番号－陽イオンの価数

陰イオンの電子の数＝原子番号＋陰イオンの価数

(ア) 原子番号－陽イオンの価数＝3－1＝2

(イ) 原子番号＋陰イオンの価数＝16＋2＝18

(ウ) 原子番号－陽イオンの価数＝11－1＝10 （$_{10}Ne$ と同じ）

(エ) 原子番号＋陰イオンの価数＝17＋1＝18

(オ) 原子番号－陽イオンの価数＝13－3＝10 （$_{10}Ne$ と同じ）

(カ) 原子番号－陽イオンの価数＝19－1＝18

答 (ウ)，(オ)

❺ 周期表と元素の分類

関連：教科書 p.46～48

図は周期表の概略を表す。次の(1)～(6)にあてはまる元素を含む領域を，A～Hからすべて選べ。

(1) アルカリ金属

(2) アルカリ土類金属

(3) ハロゲン   (4) 貴ガス

(5) 典型金属元素   (6) 遷移元素

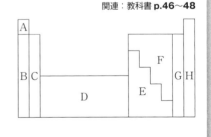

ポイント 典型元素には金属元素と非金属元素があり，遷移元素はすべて金属元素である。

解き方 (1) アルカリ金属は，水素（A）以外の1族元素で，Bである。

(2) アルカリ土類金属は2族元素で，Cである。

(3)(4) ハロゲンは17族元素でG，貴ガスは18族元素でHである。

(5) 典型元素のうち金属元素は，Bのアルカリ金属，Cのアルカリ土類金属と，Eである。

(6) 遷移元素は，3〜12族の元素で，Dである。

答 (1) **B** (2) **C** (3) **G** (4) **H** (5) **B, C, E** (6) **D**

❻ 周期表と元素の性質
関連：教科書 p.46〜48

元素の周期表で，第2周期と第3周期に属する元素を次に示す。これらの元素について，下の各問に答えよ。

族\周期	1	2	13	14	15	16	17	18
2	Li	Be	B	C	N	O	F	Ne
3	Na	Mg	Al	Si	P	S	Cl	Ar

(1) 最も陽性が強い元素を元素記号で記せ。

(2) 原子の第1イオン化エネルギーが最も大きい元素を元素記号で記せ。

(3) 最外殻電子の数が5個である元素を2つ選び，元素記号で記せ。

ポイント 第1〜3周期の元素はすべて典型元素である。典型元素では，周期表の左下に位置する元素ほど陽性が強い。

解き方 (1) 典型元素では，周期表の左下に位置する元素ほど陽性が強い。したがって，第2周期と第3周期の元素では周期表の最も左下に位置するナトリウム Na が最も陽性が強い。

(2) 同周期の元素では一番右に位置する18族の貴ガスが最も第1イオン化エネルギーが大きい。また，同族の元素では，周期表の上にある元素ほど最外殻が原子核に近い。そのため，最外殻電子が原子核に強く引きつけられて電子を離しにくく，第1イオン化エネルギーが大きくなる。したがって，第2周期と第3周期の元素では周期表の最も右上に位置するネオン Ne が第1イオン化エネルギーが最も大きい。

(3) 典型元素では，最外殻電子の数は族の番号の1の位の数値に等しいので，15族の窒素N，リンPの最外殻電子の数は5個である。

答 (1) Na (2) Ne (3) N, P

第3節 物質と化学結合

教科書の整理

❶ イオン結合

教科書 p.54〜58

A イオン結合と組成式

①**静電気力（クーロン力）** 電荷をもつ粒子間にはたらく力。異なる符号の電荷をもつ粒子間では引力がはたらき，同じ符号の電荷をもつ粒子間では斥力がはたらく。

②**イオン結合** 静電気力によって，陽イオンと陰イオンの間に生じる結合。イオンからなる物質は，多数の陽イオンと陰イオンから構成されており，イオン結合で結びついている。

③**組成式** 多数の陽イオンと陰イオンからなる物質は，構成イオンの種類と，その数を最も簡単な整数比で示した組成式で表す。

> **テストに出る**
> イオン結合は，一般に金属元素のイオンと，非金属元素のイオンとの間に生じる。

陽イオンの価数×陽イオンの数＝陰イオンの価数×陰イオンの数

陽イオンのもつ正電荷の総量の絶対値　　陰イオンのもつ負電荷の総量の絶対値

●**組成式のつくり方**（Na^+ と O^{2-} からできる物質の場合）

①	陽イオンを前に，陰イオンを後に書く。	Na^+ O^{2-} 陽イオン（1価）　陰イオン（2価）
②	正負の電荷の総量の絶対値が等しくなるように，陽イオンと陰イオンの最も簡単な整数の比を求める。	陽イオンの価数×数＝陰イオンの価数×数 $1×x=2×y$ $x:y=2:1$
③	①のイオンの電荷を取り，②で求めた数を右下に示す。	Na_2O_1
④	数字の1は省略し，2個以上の多原子イオンは（ ）で囲む。	Na_2O 組成式
名称	陰イオン，陽イオンの順に示す。「〜イオン」「〜物イオン」は省略する。	酸化物イオン＋ナトリウムイオン →酸化ナトリウム

B イオン結晶とその性質

①**結晶** 粒子が規則正しく配列した固体。

②**イオン結晶** 陽イオンと陰イオンがイオン結合を繰り返すことによって規則正しく配列した固体。

●**イオン結晶の性質**
- かたいが，もろく，割れやすい。衝撃を加えるとある面に沿って割れやすい(**へき開**)。
- 融点の高いものが多い。
- 結晶は電気を導かないが，融解液や水溶液は電気を導く(イオンが自由に移動できるようになると電気を導く)。
- 水に溶けるものが多い。

③**電離**　物質が水溶液中で陽イオンと陰イオンを生じる現象。電離する物質を**電解質**，電離しない物質を**非電解質**という。

もっと詳しく

イオン結晶が割れやすいのは，外力によってイオン結合の並びがずれて，同種のイオンどうしが反発するためである。

C イオン結晶とその利用

塩化ナトリウム NaCl	調味料や食品保存料(漬け物)，ナトリウムの化合物の原料
水酸化ナトリウム NaOH	セッケンや合成洗剤の原料，排水管用洗剤
塩化カルシウム $CaCl_2$	道路の凍結防止剤，吸湿性が強いので乾燥剤など
硫酸バリウム $BaSO_4$	消化管のレントゲン撮影の造影剤
炭酸ナトリウム Na_2CO_3	一般的なガラスであるソーダ石灰ガラスの原料
炭酸水素ナトリウム $NaHCO_3$	ベーキングパウダー，胃腸薬(弱いアルカリ性で胃酸を中和する)
炭酸カルシウム $CaCO_3$	貝殻や卵の殻，石灰石の主成分。チョーク，セメント，歯磨き粉など
硫酸アンモニウム $(NH_4)_2SO_4$	硫安ともよばれ，窒素を補う肥料として利用されている。

② 共有結合

教科書 p.59〜75

A 共有結合の形成

①**共有結合**　原子どうしが電子を共有して生じる結合。

②**分子**　共有結合からなる水素 H_2，水 H_2O，塩化水素 HCl などを分子という。分子が形成されるとき，各原子は互いに電子を共有して，原子番号が近い貴ガス型の電子配置に似た電子配置になる。

ここに注意

共有結合は，おもに非金属元素の原子どうしの間に生じる。

例

塩素原子は，アルゴン原子に似た電子配置になる。

水素原子は，ヘリウム原子に似た電子配置になる。

塩化水素分子HCl

③**分子式** 分子を表す化学式。構成原子を元素記号で表し，その数を右下に添える。 **例** O_2 H_2O

B 電子式

①**電子式** 元素記号のまわりに最外殻電子を点(・)で書き添えて表した化学式。

> **もっと詳しく**
>
> 電子式では，電子の上下，左右の4方向に，最外殻電子を配置する。最外殻電子が4個以下のときは，電子を1個ずつ，5個以上では一部を対にする。ただし，なるべく電子が対をつくらないように配置する。
>
> ・C・ ・N: 電子対 / 不対電子

②**電子対** 電子式において，対になっている電子。

③**不対電子** 電子式において対になっていない電子。2つの原子が互いに不対電子を出し合って電子対をつくり，これが両原子に共有されて，共有結合が形成される。

N・ + ・O・ + H → H:O:H

不対電子　不対電子　　　　　　　非共有電子対 / 共有電子対

④**共有電子対** 分子のもつ電子対のうち，共有結合を構成しているもの。

⑤**非共有電子対(孤立電子対)** 分子のもつ電子対のうち，共有結合を構成していない電子対。

⑥**単結合** 1組の共有電子対が原子間で共有されて生じる共有結合。

⑦**二重結合，三重結合** 2組の共有電子対，3組の共有電子対が共有されて生じる共有結合を，それぞれ二重結合，三重結合という。

> **もっと詳しく**
>
> 2つの共有結合によってできた水分子中では，不対電子がなくなり，最外殻電子がHは2個，Oは8個の安定な電子配置になっている。

C 構造式

①**構造式** 分子内の共有結合を，線(価標)を用いて表した化学式。単結合は1本の線，二重結合は2本の線，三重結合は3本の線で表す。

②**原子価** 構造式において1つの原子から出る線の数。原子価は，各原子がもつ不対電子の数，つまり原子がつくることのできる共有結合の数である。

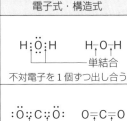

電子式・構造式
H:O:H　　H-O-H
単結合
不対電子を1個ずつ出し合う

:O::C::O:　　O=C=O
二重結合
不対電子を2個ずつ出し合う

:N::N:　　N≡N
三重結合
不対電子を3個ずつ出し合う

D 分子の形と分類

① **単原子分子**　原子1個で分子のようにふるまうもの。安定な電子配置をもつ貴ガスは，単原子分子である。

② **二原子分子**　原子2個からできている分子。

③ **多原子分子**　一般に，3個以上の原子からなる分子。

④ **高分子**　非常に多くの原子からなる分子。

⚠️ ここに注意
構成する原子の数により，二原子分子，三原子分子…とよばれる。

（右側縦書き）教科書の整理　第3節

📝 テストに出る

分子の形

二原子分子	三原子分子		多原子分子	
直線形	直線形	折れ線形	正四面体形	三角錐形
・塩素 Cl₂ ・窒素 N₂	・二酸化炭素 CO₂	・水 H₂O	・メタン CH₄	・アンモニア NH₃

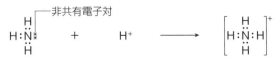

教科書 p.63 Plus α　電子対の反発から分子の形を予想する

原子価殻電子対反発則（VSEPR理論）　共有電子対，非共有電子対は反発し合うので，次の規則にしたがって分子の立体的な形を推定できる。

① 各電子対の反発が最も小さくなるように電子対が配置される。

② 電子対が反発する力は，次の順に小さくなる。

　　非共有電子対どうし＞非共有電子対と共有電子対＞共有電子対どうし

E 配位結合と錯イオン

① **配位結合**　一方の原子から供与された非共有電子対が共有されて生じる共有結合。

アンモニア分子NH₃　水素イオンH⁺　　　アンモニウムイオンNH₄⁺

② **錯イオン**　分子やイオンに含まれる非共有電子対を金属イオンと共有し，配位結合を形成して生じるイオン。

例　テトラアンミン銅(II)イオン　$[Cu(NH_3)_4]^{2+}$

⚠️ ここに注意
NH₄ 中の4つの N-H 結合は，すべて同等の共有結合で区別できない。

③**配位子**　錯イオンで，金属イオンと配位結合を形成する分子
やイオン。　　**例**　NH_3（名称：アンミン）

教科書
p.65　**発展**　錯イオンの名称とその形状

・**配位数**　錯イオン中の配位子の数。
・**アクア錯イオン**　H_2O を配位子とする錯イオン。金属イオンは一般に水溶
液中でアクア錯イオンになっている。
アクア錯イオンでは，H_2O は省略されることが多い。
　　例　$[Cu(H_2O)_4]^{2+}$ は，Cu^{2+} と表記される。

Ｆ　分子の極性

①**結合の極性**　異種の原子間の共有結合では，共有電子対が一
方の原子にかたよっている。このように，結合に電荷のかた
よりがあることを**結合に極性がある**という。

②**電気陰性度**　原子が共有電子対を引き寄せる強さの尺度。電
気陰性度が大きい原子ほど，共有電子対を強く引き寄せる。

③**極性分子**　分子全体として極性を示す分子。
異なる元素からなる二原子分子は，結合に極性があり，分子
全体でも極性を示すので極性分子である。
　　例　フッ化水素分子 HF　塩化水素分子 HCl

④**無極性分子**　分子全体として極性を示さない分子。
同じ元素からなる二原子分子は，結合に極性がなく，分子全
体でも極性を示さないので無極性分子である。
　　例　水素分子 H_2　塩素分子 Cl_2

テストに出る

多原子分子の極性
　多原子分子では，構成原子間の結合に極性があっても，分子
の形によっては，極性を打ち消されてしまい，無極性分子にな
ることがある。
　例　極性分子：水 H_2O（折れ線形），
　　　　　　　　アンモニア NH_3（三角錐形），
　　　　　　　　クロロメタン CH_3Cl（四面体形）
　　　　無極性分子：二酸化炭素 CO_2（直線形），
　　　　　　　　　四塩化炭素 CCl_4（正四面体形），
　　　　　　　　　メタン CH_4（正四面体形）

⚠ここに注意
結合する2つ
の元素の電気
陰性度の差が
大きいほど，
結合の極性が
大きくなる。

⚠ここに注意
電気陰性度は
貴ガスを除き，
周期表の右上
の元素ほど大
きい。

👀もっと詳しく
極性分子どう
し，無極性分
子どうしは混
合しやすく，
極性分子と無
極性分子は混
合しにくい。

G　分子結晶とその性質

①**分子間力**　分子間にはたらく弱い力。

②**分子結晶**　多数の分子が分子間力によって集まり，規則正しく配列してできた固体。

　例　ドライアイスCO_2，ヨウ素I_2，ナフタレン$C_{10}H_8$など

●分子結晶の性質
- やわらかく，くだけやすい。
- 融点の低いものが多い。
- 昇華しやすいものがある。　例　ヨウ素など
- 固体，融解液ともに，電気を導かない。

H　分子間力　発展

①**ファンデルワールス力**　分子間にはたらく弱い引力。液体や気体を構成する分子の間にもはたらく。

②**極性分子間にはたらく静電気的な引力**　極性分子からなる物質では，分子間に弱い静電気力がはたらく。そのため，分子の質量がほぼ等しい無極性分子からなる物質よりも，沸点が高くなる。

③**水素結合**　電気陰性度が大きく原子半径が小さい原子(F，O，N)に水素原子Hが結合した構造をもつ分子どうしの間で，水素原子をなかだちとした静電気的な引力によって生じる結合。　例　水H_2O，フッ化水素HF

もっと詳しく
結合の強さ
ファンデルワールス力＜水素結合≪共有結合やイオン結合

I　分子からなる物質の利用

①**有機化合物**　炭素原子を骨格とする分子でできた化合物。

おもな有機化合物	性質と利用
メタン CH_4	無色・無臭の空気より軽い気体。都市ガスに含まれている。
エチレン C_2H_4	無色・無臭の気体。高分子化合物の原料となる。
エタノール C_2H_5OH	無色の液体。水によく溶け，酒類に含まれる。
酢酸 CH_3COOH	無色・刺激臭の液体。食酢に含まれる。
ベンゼン C_6H_6	無色の液体。多くの有機化合物の原料になる。

②**無機物質**　有機化合物以外の物質。
　例　水素H_2，酸素O_2，水H_2O，二酸化炭素CO_2

もっと詳しく
ハロゲン単体など，似た構造の物質の場合，ファンデルワールス力は，分子の質量が大きいものほど強い。

③**高分子**　きわめて多数の原子からできている分子。

④**高分子化合物**　高分子からなる化合物。天然に存在する**天然高分子化合物**と人工的に合成される**合成高分子化合物**がある。

⑤**重合**　原料となる小さい分子である**単量体**(モノマー)から，高分子化合物である**重合体**(ポリマー)ができる反応。

⑥**付加重合**　二重結合や三重結合をもつ単量体が，結合を開裂して次々と連なる重合。

⑦**縮合重合**　水などの小さい分子が取れながら，単量体どうしが次々と連なる重合。

Ｊ 共有結合の結晶とその性質

①**共有結合の結晶**　多数の原子が共有結合を繰り返すことによって結びつき，原子が規則正しく配列してできた固体。

●共有結合の結晶の性質
・非常にかたい(黒鉛はやわらかい)。
・融点が非常に高い。
・水に溶けにくい。

②**ダイヤモンドC**　炭素原子Cどうしが4個の価電子をすべて使って正四面体の立体構造をつくり，その正四面体の立体構造が連なって結晶を構成している。非常にかたく，融点が高い。黒鉛と異なり，電気伝導性を示さない。

③**黒鉛C**　炭素原子Cが，4個の価電子のうちの3個を使って正六角形が連なった平面構造をつくる。残りの1個の価電子が平面構造内を移動するため，電気伝導性を示す。平面構造どうしは分子間力で弱く層状に連なっているため，もろくはがれやすい。

④**ケイ素Si**　ケイ素原子Siがダイヤモンドと同じように正四面体構造を形づくっている。ケイ素は，金属と絶縁体の中間の電気伝導性を示すため，半導体として，電子部品に用いられている。

⑤**二酸化ケイ素SiO_2**　1つのケイ素原子Siに結合する4個の酸素原子Oが，正四面体の頂点となる構造が多数連なっている。天然に石英や水晶，ケイ砂として産出する。透明度が高く，石英ガラスや光ファイバーなどに用いられる。

もっと詳しく
ポリエチレンやポリ塩化ビニルは付加重合で，ポリエチレンテレフタラートは縮合重合で合成される。

もっと詳しく
共有結合の結晶は，1つの巨大な分子とみなされるので，**巨大分子**とよばれることもある。

ここに注意
共有結合の結晶は組成式で表す。

もっと詳しく
電子機器の基板として用いられるシリコンウエハーは，ケイ素の結晶をスライスしたものである。

❸ 金属結合

教科書 p.76〜79

A 金属結合

①**自由電子**　金属内では，金属原子どうしの最外殻が重なり合い，これを伝って価電子が金属内を自由に動くことができる。このような価電子を自由電子という。

②**金属結合**　自由電子によって金属原子を互いに結びつけている結合。

③**金属結晶**　金属結合によってできた結晶。

> ⚠ **ここに注意**
> 金属結晶は，多数の金属原子が結びついているので，組成式で表す。

B 金属の性質

①**展性**　たたいて薄く広げることができる性質。

②**延性**　引き延ばすことができる性質。

●金属結晶の性質

・金属光沢を示す。

・展性，延性をもつ。

・電気伝導性や熱電導性にすぐれる。

・融点は低いものから高いものまである。

　　例　水銀は −39℃，タングステンは 3410℃

C 金属の利用

鉄 Fe	加工が比較的容易で，日用品，機械，建材など幅広く利用される。湿った空気中では，赤さびを生じる。
アルミニウム Al	表面に薄い酸化物の被膜を生じるので，内部がさびにくい。一円硬貨，サッシや食器などに利用される。
銅 Cu	赤味を帯びた金属で，展性・延性に富み，銀に次いで，熱や電気の伝導性が高い。湿った空気中では緑青を生じる。導線や調理器具などに利用される。
銀 Ag	金属の中で，熱や電気の伝導性が最も高い。金に次ぐ展性・延性を示す。装飾品や食器など。
亜鉛 Zn	乾電池の負極や，鉄にめっきすることでトタンとして利用される。
白金 Pt	銀よりかたく，展性・延性に富む。他の物質と反応しにくい。装飾品や電気分解の電極に利用される。
鉛 Pb	他の物質より放射線をよく吸収するので，放射線の遮蔽材(鉛ガラス)に利用される。また，車のバッテリーに利用される。
チタン Ti	耐食性があり，熱に強い。強度が高く，軽い。メガネのフレームに利用される。生体になじみやすいため人工骨などにも利用される。

D 合金

①**合金** 金属に他の金属を溶かし合わせてつくられたもの。もとの金属とは異なる性質を示す。

合金	おもな成分	性質と利用
黄銅	Cu, Zn	真鍮やブラスともよばれる。金管楽器，五円硬貨。
ステンレス鋼	Fe, Cr, Ni	表面に Cr の酸化物の被膜が生じさびにくい。台所用品や工具など。
ジュラルミン	Al, Cu, Mg	軽く，強度が高い。トランクケース，鉄道車両など。
ニクロム	Ni, Cr	ドライヤーや電熱器の電熱線として利用される。
水素吸蔵合金	Ti, Ni, Mg	多量の水素を吸収・貯蔵し，加熱により放出する。ニッケル・水素電池の負極として利用される。

④ 結晶の比較

教科書 p.80

結 晶	金属結晶	イオン結晶	共有結合の結晶	分子結晶
構成粒子	金属元素の原子	陽イオン，陰イオン	非金属元素の原子	非金属元素の分子
結 合	金属結合	イオン結合	共有結合	分子間力による結合
例	鉄，銅	酸化銅(Ⅱ)	ダイヤモンド	ドライアイス，氷
化学式	組成式	組成式	組成式	分子式
電気伝導性	示す	示さない	示さない	示さない
融 点	低い～高い	高い	非常に高い	低い
外力に対する性質	展性・延性を示す	かたいが，割れやすい	非常にかたい	やわらかく，くだけやすい

⑤ 結晶と単位格子 発展

教科書 p.84～86

①**結晶格子** 結晶を構成する粒子がどのように配列しているかを示したもの。金属のおもな結晶格子には，**体心立方格子，面心立方格子，六方最密構造**がある。

②**単位格子** 結晶格子の最小単位。

③**配位数** 金属結晶において1個の原子に隣接する原子の数。体心立方格子は8，面心立方格子と六方最密構造は12である。

④**充填率** 単位格子の体積に占める原子の体積の割合。体心立方格子は68%，面心立方格子と六方最密構造は74%である。

> **もっと詳しく**
> 単位格子中の原子の数は，体心立方格子と六方最密構造は2個，面心立方格子は4個である。

実験のガイド

教科書 **p.57**　実 験　5. イオン結晶の性質を調べる

結果　❶塩化ナトリウムの結晶は電気を導かない。

❷塩化ナトリウムの結晶はかたいが，アイスピックの先をあてて，金づちでたたくと，ある面に沿って簡単に割れる（へき開する）。

❸塩化ナトリウムの水溶液は電気を導く。

❹塩化ナトリウムの融解液は電気を導く。

考察　・結晶中では，イオンは規則正しく配列して動けないため，電流が流れなかった。

・へき開が起こったのは，外力によってイオンの配列がわずかにずれて，陽イオンどうし，陰イオンどうしの間で反発力がはたらいたため，特定の面に沿って簡単に割れた。

・水溶液にすると電離し，融解するとイオン結合が切断されるため，ともにイオンが自由に動けるようになる。そのため，電極を入れると，陽イオンは陰極に引かれ，陰イオンは陽極に引かれて移動し，電気を導く。

教科書 **p.62**　実 験　6. 分子模型を組み立てる

方法　❶分子を構成する各原子の原子価（各原子から出ている線の数）は，次の通りである。

Cl：1　　H：1　　O：2　　N：3　　C：4

❷炭素原子には4個の不対電子があり，水素と単結合で結びつき，残りの不対電子を使って炭素原子と結合する。

結果　❶教科書 p.62，図 12 のような形になる。

❷炭素原子間の共有結合は，エタンは共有電子対を1組使い単結合に，エチレンは共有電子対を2組使い二重結合に，アセチレンは共有電子対を3組使い三重結合になる。

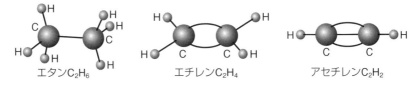

エタンC_2H_6　　　　エチレンC_2H_4　　　　アセチレンC_2H_2

実験のガイド　第3節

教科書 p.68　**実 験**　**7. 分子の極性と物質の溶解性の関係を調べる**

方法　水（極性分子の液体）に対する極性分子の物質（エタノール，シュウ酸）と，無極性分子の物質（ヨウ素，ヘキサン）の溶解性を調べる。

結果

物質	エタノール	シュウ酸	ヨウ素	ヘキサン
極性	極性分子		無極性分子	
水への溶解性	試験管を振ると，溶けて混ざり合った。	試験管を振ると，すべて溶けた。	少し溶け，液が褐色に色づいたが，溶け残った。溶けにくい。	2層に分かれたまま，混ざり合わず，溶けない。

考察　極性分子からなる水には，エタノールやシュウ酸などの極性分子の物質は溶けやすく，ヨウ素やヘキサンなどの無極性分子の物質は溶けにくい。

教科書 p.80　**実 験**　**8. 結晶の性質を比較する**

考察　(1)　結果のまとめ

物質	たたいたときのようす(❸)	水への溶解性(❹)	電気伝導性	
			固体(❷)	水溶液(❺)
スクロース	やわらかく，簡単にくだけた。	よく溶ける。	流れない。	流れない。
スズ	へこんだが，くだけない。	溶けない。	流れた。	—
二酸化ケイ素	かたくて，くだけない。	溶けない。	流れない。	—
塩化カルシウム	かたいが，面に沿って割れた。	よく溶ける。	流れない。	流れた。

(2)　スクロース（砂糖）は分子結晶，スズは金属結晶，二酸化ケイ素（ケイ砂）は共有結合の結晶，塩化カルシウムはイオン結晶である。

問・TRY・Checkのガイド

教科書 p.55
問 1

次の各問に答えよ。

(1) 次のイオンからなる物質について，その組成式を記せ。
(ア) Na^+ と OH^-　(イ) Na^+ と HCO_3^-　(ウ) Al^{3+} と O^{2-}
(エ) Cu^{2+} と NO_3^-

(2) 次の組成式で表される物質の名称を記せ。
(ア) LiF　(イ) $AgNO_3$　(ウ) $BaCO_3$　(エ) ZnS
(オ) $CuSO_4$

(3) 次の物質を組成式で表せ。
(ア) 水酸化カルシウム　(イ) 硝酸アンモニウム
(ウ) 硫化銅(I)　(エ) 硫化銅(II)

ポイント
> 組成式は，陽イオン，陰イオンの順に，名称は，陰イオン，陽イオンの順に書く。

解き方 (1) 教科書 p.55「組成式のつくり方と名称」の手順で組成式をつくる。
①陽イオンを前，陰イオンを後に書く。
②正負の電荷の総量の絶対値が等しくなるように陽イオンと陰イオンの個数の比(最も簡単な整数の比)を求める。
③陽イオン，陰イオンの電荷を除き，②で求めた数を右下に示す。ただし，1は省略し，多原子イオンが2個以上の場合には，多原子イオンを( )で囲む。

思考力UP↑
陽イオンと陰イオンの価数を逆にすると整数の比になる。Al^{3+}，O^{2-} は，$Al^{3+} : O^{2-} = 2 : 3$

	(ア)	(イ)	(ウ)	(エ)
①	Na^+　OH^-	Na^+　HCO_3^-	Al^{3+}　O^{2-}	Cu^{2+}　NO_3^-
②	$Na^+ : OH^-$ $=1:1$	$Na^+ : HCO_3^-$ $=1:1$	$Al^{3+} : O^{2-}$ $=2:3$	$Cu^{2+} : NO_3^-$ $=1:2$
③	Na_1　OH_1 ↓ NaOH	Na_1　$HCO_{3\ 1}$ ↓ $NaHCO_3$	Al_2　O_3 ↓ Al_2O_3	Cu_1　$NO_{3\ 2}$ ↓ $Cu(NO_3)_2$

1は省略する。　多原子イオンが2個以上の場合は，( )で囲む。

問・TRY・Checkのガイド　第3節

(2) 陰イオン，陽イオンの順にイオンの名称を書き，「～イオン」「～物イオン」は省略する。

(ア)	(イ)	(ウ)	(エ)	(オ)
フッ化物イオン＋リチウムイオン ↓ フッ化リチウム	硝酸イオン＋銀イオン ↓ 硝酸銀	炭酸イオン＋バリウムイオン ↓ 炭酸バリウム	硫化物イオン＋亜鉛イオン ↓ 硫化亜鉛	硫酸イオン＋銅(Ⅱ)イオン ↓ 硫酸銅(Ⅱ)

> ⚠ここに注意
> 同じ元素でも価数の異なるイオンが2種類以上存在する場合には，イオンの価数をローマ数字で表して区別する。
> 銅(Ⅰ)イオン＝Cu^+，銅(Ⅱ)イオン＝Cu^{2+}

(3) (1)と同様に，物質を構成するイオンを陽イオン，陰イオンの順に書き，(1)と同じ手順で組成式をつくる。(ウ)と(エ)は，銅イオンの価数が異なることに注意する。

	(ア)	(イ)	(ウ)	(エ)
①	Ca^{2+}　OH^-	NH_4^+　NO_3^-	Cu^+　S^{2-}	Cu^{2+}　S^{2-}
②	$Ca^{2+}:OH^-$ $=1:2$	$NH_4^+:NO_3^-$ $=1:1$	$Cu^+:S^{2-}$ $=2:1$	$Cu^{2+}:S^{2-}$ $=2:2=1:1$
③	$Ca(OH)_2$	NH_4NO_3	Cu_2S	CuS

答(1)(ア)　$NaOH$　　(イ)　$NaHCO_3$　　(ウ)　Al_2O_3　　(エ)　$Cu(NO_3)_2$
(2)(ア)　フッ化リチウム　　(イ)　硝酸銀　　(ウ)　炭酸バリウム
(エ)　硫化亜鉛　　(オ)　硫酸銅(Ⅱ)
(3)(ア)　$Ca(OH)_2$　　(イ)　NH_4NO_3　　(ウ)　Cu_2S　　(エ)　CuS

教科書 p.57 Check　イオン結合とはどのような結びつきで，どのような特徴をもっているだろうか。説明してみよう。

解き方　たくさんの陽イオンと陰イオンが静電気力によって結びつくので，結合の力は強いが，水に溶かすとイオンどうしの結合が切れて電離する。

答・イオン結合は，陽イオンと陰イオンの間に生じる静電気力(クーロン力)による結合である。
・一般に，陽性の大きい金属元素の陽イオンと陰性の大きい非金属元素の陰イオンの間に生じる。

・静電気力は，一方向だけでなくいろいろな方向にはたらくため，多数の
陽イオンと陰イオンが集まってイオン結晶をつくる。

・イオン結合は比較的強い結合だが，外力が加わってイオンの配列がずれ
て同種のイオンどうしの間で反発力がはたらくようになると，面に沿っ
て結合が切れる。このため，イオン結晶の物質は，かたいがもろいとい
う特徴がある。

・イオン結合は水に溶かすと切れる。そのため，イオン結合の物質は水に
溶けると陽イオンと陰イオンに分かれて電離し，電気を導くようになる。

・イオン結合は比較的強い結合なので融点が高い物質が多いが，加熱して
融解するとイオン結合が切れて電離し，電気を導くようになる。

問・TRY・Checkのガイド　第3節

教科書
p.59
問 2　　次の分子における各原子は，どの原子の電子配置に似たものとなっている
か。

(1)　H_2O　　　　(2)　NH_3

ポイント　　**共有結合をした各原子は，原子番号が近い貴ガスに似た電子
配置となる。**

解き方(1)　水分子 H_2O では，原子が電子を1個ずつ共有して，最外殻電子が水
素原子は2個，酸素原子は8個になる。

(2)　アンモニア分子 NH_3 では，原子が電子を1個ずつ共有して，最外殻
電子が水素原子は2個，窒素原子は8個になる。

(1)　　　　　　　　　　　　　　　(2)

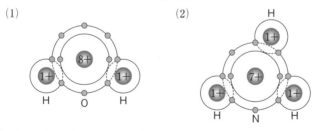

答(1)　水素原子H：ヘリウム原子 He
　　　酸素原子O：ネオン原子 Ne

(2)　窒素原子N：ネオン原子 Ne
　　　水素原子H：ヘリウム原子 He

教科書 p.60 問3 図6(▶p.59)の水素分子 H_2 と塩化水素分子 HCl の形成を，それぞれ電子式を用いて記せ。また，H_2 と HCl には，共有電子対と非共有電子対が何組あるかをそれぞれ記せ。

ポイント 水素原子 H と塩素原子 Cl は不対電子を1個もち，それを出し合って共有結合をつくる。

解き方 ・水素原子は電子の総数が1個で，これは不対電子である。2つの水素原子が不対電子を1個ずつ出し合って共有結合をつくり，水素分子となる。

H:H　共有電子対

・塩素原子は最外殻電子が7個で，3組の電子対と1個の不対電子をもつ。水素原子と塩素原子が不対電子を1個ずつ出し合って共有結合をつくり塩化水素分子となる。

非共有電子対・・　H:Cl:　共有電子対

答 水素分子 H_2　H・ + ・H ⟶ H:H

　　共有電子対：**1組**

　　非共有電子対：**0組**

塩化水素分子 HCl　H・ + ・Cl: ⟶ H:Cl:

　　共有電子対：**1組**

　　非共有電子対：**3組**

教科書 p.61 問4 次の各分子の電子式および構造式を記せ。また，共有電子対と非共有電子対が何組あるかをそれぞれ記せ。
(1) 塩素 Cl_2　(2) アンモニア NH_3　(3) 硫化水素 H_2S
(4) シアン化水素 HCN

ポイント 構造式では，共有された電子対1組を1本の線(価標)で表す。

解き方 (1) 塩素原子 Cl は最外殻電子が7個なので，1個の不対電子をもつ。2つの塩素原子が，これを出し合って単結合の共有結合をつくり，塩素 Cl_2 となる。

:Cl・ + ・Cl: ⟶ :Cl:Cl:

(2) 窒素原子 N は最外殻電子が5個なので，1組の電子対と3個の不対電子をもつ。3個の不対電子が，それぞれ水素原子 H の1個の不対電子と単結合の共有電子対をつくり，アンモニア NH_3 となる。

$$\cdot \ddot{\text{N}} \cdot \; + \; \cdot\text{H} + \text{H} + \text{H} \; \longrightarrow \; \text{H} \vdots \ddot{\text{N}} \vdots \text{H}$$
$$\text{H}$$

(3) 硫黄原子 S の最外殻電子は6個なので，2組の電子対と2個の不対電子がある。不対電子のそれぞれが水素原子と共有結合をつくり，硫化水素 H_2S となる。

$$\text{H}\cdot \; + \; \cdot\ddot{\text{S}}\cdot \; + \; \cdot\text{H} \; \longrightarrow \; \text{H}\vdots\ddot{\text{S}}\vdots\text{H}$$

(4) 炭素原子 C の最外殻電子は4個でいずれも不対電子である。このうちの1個が水素原子と単結合をつくり，残り3個が窒素原子の3つの不対電子と三重結合をつくることによって，シアン化水素分子 $H-C\equiv N$ となる。

$$\text{H}\cdot \; + \; \cdot\ddot{\text{C}}\cdot \; + \; \cdot\ddot{\text{N}}\vdots \; \longrightarrow \; \text{H}\vdots\text{C}\vdots\vdots\text{N}\vdots$$

答(1) $\ddot{\ddot{:\text{Cl}}}\vdots\ddot{\ddot{\text{Cl}}}:$　　$\text{Cl}-\text{Cl}$　　共有電子対　：1組
　　　　　　　　　　　　　　　　　非共有電子対：6組

(2) $\text{H}\vdots\ddot{\text{N}}\vdots\text{H}$　　$\text{H}-\text{N}-\text{H}$　　共有電子対　：3組
　　　H　　　　　　　H　　　非共有電子対：1組

(3) $\text{H}\vdots\ddot{\text{S}}\vdots\text{H}$　　$\text{H}-\text{S}-\text{H}$　　共有電子対　：2組
　　　　　　　　　　　　　　　　　非共有電子対：2組

(4) $\text{H}\vdots\text{C}\vdots\vdots\text{N}\vdots$　　$\text{H}-\text{C}\equiv\text{N}$　　共有電子対　：4組
　　　　　　　　　　　　　　　　　非共有電子対：1組

教科書
p.63

問 **a**

硫化水素分子 H_2S の形は，電子対の反発を考えると，何形になるか。

ポイント

> **16族の硫黄原子 S と酸素原子 O は，最外殻電子数が同じなので，H_2S は水 H_2O と似た形になる。**

解き方 硫化水素 H_2S では，硫黄原子のまわりに2組の共有電子対と2組の非共有電子対があり，4組の電子対が互いに反発し合うので，水素原子と硫黄原子の配置は折れ線形になる。

答 折れ線形

教科書 p.66
問 5 図17の電気陰性度の値を用いて，次の各結合のうちから，極性が最も大きいものを選べ。
(ア) C－H　(イ) O－H　(ウ) C－O

ポイント 2つの元素の電気陰性度の差が大きいほど，結合の極性が大きい。

解き方 各原子の電気陰性度は，H が2.2，C が2.6，O が3.4である。
電気陰性度の差は，
(ア) C－H：2.6－2.2＝0.4　　(イ) O－H：3.4－2.2＝1.2
(ウ) C－O：3.4－2.6＝0.8
これより(イ)が最も大きい。

答 (イ)

教科書 p.67
問 6 次の各分子が極性分子か無極性分子かを答えよ。ただし，（　　）内は，分子の形である。
(1) メタン CH_4（正四面体形）
(2) クロロメタン CH_3Cl（四面体形）

ポイント 多原子分子の極性は，原子間の結合の極性と分子の形で決まる。

解き方 (1) メタンは，C－H 結合に極性がある。しかし，分子の形が正四面体形であるため，4方向の同じ大きさの C－H 結合が極性を打ち消し合って無極性分子になる。
(2) クロロメタンは，C－H 結合，C－Cl 結合とも極性があり，極性の大きさが異なる。また，分子の形が三角錐形（四面体形）で，結合の極性を打ち消し合わず，極性分子である。

答 (1) 無極性分子　　(2) 極性分子

問・TRY・Checkのガイド 第3節

問・TRY・Checkのガイド　第3節

教科書 p.69 TRY①　表５の物質のうちから，20℃で液体であるものをすべて選び，名称を記せ。

解き方　融点が 20 ℃以下，沸点が 20 ℃以上であるものを選ぶ。

答 エタノール，水，酢酸

教科書 p.75 Check　共有結合とはどのような結びつきで，どのような特徴をもっているだろうか。説明してみよう。

解き方　おもに非金属元素の原子が電子を共有してできる結合で，結合によって分子をつくる。

答 ・おもに非金属元素の原子どうしが不対電子を共有してできる結合。

・いくつかの原子が共有結合によって分子をつくる。

・共有する共有電子対が１組，２組，３組の場合があり，それぞれ単結合，二重結合，三重結合とよぶ。

・共有結合でできた分子を構成する原子は，それぞれ貴ガス型の電子配置に似た電子配置となって，安定している。

・原子ごとに，共有電子対を引き寄せる強さである電気陰性度が異なるので，異種の原子間の共有結合では，結合に極性が生じる。

・多数の原子が共有結合により規則正しく配列すると，ダイヤモンドやケイ素のような共有結合の結晶をつくる。

教科書 p.77 TRY②　金１gが厚さ 100 nm の箔になったとき，その面積は何 cm^2 になるか。ただし，金の密度は 19.3 g/cm^3 である。

解き方　密度より１gの金の体積は，$1\,g \div 19.3\,g/cm^3 = 0.05\,cm^3$

$1\,nm = 10^{-6}\,mm = 10^{-7}\,cm$ より，厚さ 100 nm は $10^{-5}\,cm$

$0.05\,cm^3$ の金を厚さ $10^{-5}\,cm$ に広げると，

その面積は　$0.05\,cm^3 \div 10^{-5}\,cm = 5000\,cm^2$

思考力UP↑
密度を使えば，体積から質量，質量から体積が求められる。
体積×密度＝質量　　質量÷密度＝体積

答 約 5000 cm^2

教科書
p.77
Check

　　金属結合とはどのような結びつきで，どのような特徴をもっているだろうか。説明してみよう。

解き方　金属中では，金属原子どうしの最外殻が重なり合い，価電子は自由電子となって，金属内を自由に動きまわる。＋の電荷を帯びた多数の金属原子と自由電子が引きつけ合って金属結合ができている。

答・金属結合は，重なり合った金属原子の最外殻を伝って自由に動きまわる自由電子が，多数の金属原子を互いに結びつけている。

・外力によって原子の位置がずれても，自由電子によって金属結合が保たれる。そのため，金属は展性や延性をもつ。

・自由電子の作用で光を反射するため，金属は金属光沢を示し，自由電子が移動することにより，金属は熱や電気をよく導く。

教科書
p.80
Check

　　ある結晶が，イオン結晶，分子結晶，共有結合の結晶，金属結晶のどれであるかを調べる方法を説明してみよう。

答①テスターで，結晶に電流が流れるかどうかを調べる。電流が流れれば，金属結晶か共有結合の結晶の黒鉛である。これを区別するために，結晶を鉄床にのせてハンマーで軽くたたいてみる。くだけたら黒鉛，くだけずへこむなど変形したら，金属結晶である。

②①で電流を流さなかった結晶を水に溶かしてみる。溶けたものは水溶液に電流が流れるかどうかを調べる。電流が流れたらイオン結晶である。

③水に溶けなかったり，水溶液に電流が流れなかったりした結晶を鉄床にのせてハンマーで軽くたたいて，かたさとくだけるかどうかを調べる。軽い力でわれたり，くだけたりしたら分子結晶，面に沿って割れてへき開を示したら水に溶けにくいイオン結晶，割れなかったら共有結合の結晶である。

教科書 **p.85** 問 **7** 銅の結晶は，図のような面心立方格子であり，単位格子の一辺の長さは，3.62×10^{-8} cm である。銅原子の原子半径は何 cm か。ただし，$\sqrt{2} = 1.41$ とする。

ポイント 　対角線上に原子が並んでいる面に注目する。

解き方 　単位格子の一辺の長さを l〔cm〕，銅の原子半径を r〔cm〕とおく。

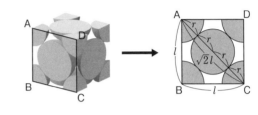

　単位格子の面 ABCD では，
$$AC^2 = AB^2 + BC^2 = l^2 + l^2 = 2l^2$$

また，AC の長さを r を使って表すと，$4r$ なので，$AC = \sqrt{2}\, l = 4r$

したがって，$r = \dfrac{\sqrt{2}}{4} l = \dfrac{\sqrt{2}}{4} \times 3.62 \times 10^{-8} = 1.28 \times 10^{-8}$ 〔cm〕

答 1.28×10^{-8}〔cm〕

教科書 **p.85** 問 **8** 図の面心立方格子の充填率を求めよ。ただし，$\pi = 3.14$，$\sqrt{2} = 1.41$ とする。

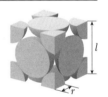

ポイント 　面心立方格子の単位格子中に原子は 4 個含まれている。

解き方 　問 7 より $r = \dfrac{\sqrt{2}}{4} l$ で，単位格子には 4 個の原子が含まれている。

$$充填率 = \frac{(原子1個の体積) \times (単位格子中の原子の数)}{(単位格子の体積)} \times 100$$

$$= \frac{\dfrac{4}{3} \pi r^3 \times 4}{l^3} \times 100 = \frac{\dfrac{4}{3} \pi \times \left(\dfrac{\sqrt{2}}{4} l\right)^3 \times 4}{l^3} \times 100 = \frac{\sqrt{2}\,\pi}{6} \times 100$$

$$= 73.8$$

答 73.8 %

節末問題のガイド

教科書 p.82〜83

❶ イオン結合

関連：教科書 p.54

次の文中の（　）に当てはまる語句を，下の選択肢から選べ。

酸化カルシウムの結晶において，カルシウムイオンと酸化物イオンは，（　ア　）力によって結合している。このような結合を（　イ　）結合という。（イ）結合は，（　ウ　）の大きい金属元素のイオンと，（　エ　）の大きい非金属元素のイオンの間に生じやすい。

（選択肢）　① イオン　　② 共有　　③ 分子間　　④ クーロン
　　　　　⑤ 陰性　　⑥ 陽性

ポイント イオン結晶は，陽イオンと陰イオンがクーロン力（静電気力）によって，結合している。

解き方 (ア)　陽イオンのカルシウムイオン Ca^{2+} と陰イオンの酸化物イオン O^{2-} がクーロン力（静電気力）によって結びついている。

(ウ)(エ)　陽イオンになりやすい金属元素は陽性が大きく，陰イオンになりやすい非金属元素は陰性が大きい。

答 (ア) ④　　(イ) ①　　(ウ) ⑥　　(エ) ⑤

❷ 組成式とその名称

関連：教科書 p.54〜55

例にならって，次の表中の空欄に組成式と名称を記せ。（問題の表は省略）

ポイント 組成式は，陽イオン，陰イオンの順に，
名称は，陰イオン，陽イオンの順に書く。

解き方 1　$K^+ : OH^- = 1 : 1$ で結びつくので，組成式は KOH
　　名称は水酸化物イオン＋カリウムイオンで，水酸化カリウム。

2　$K^+ : O^{2-} = 2 : 1$ で結びつくので，組成式は K_2O
　　名称は酸化物イオン＋カリウムイオンで，酸化カリウム。

3　$K^+ : SO_4^{2-} = 2 : 1$ で結びつくので，組成式は K_2SO_4
　　名称は，硫酸イオン＋カリウムイオンで，硫酸カリウム。

4　$Mg^{2+} : Cl^- = 1 : 2$ で結びつくので，組成式は $MgCl_2$
　　名称は塩化物イオン＋マグネシウムイオンで，塩化マグネシウム。

5 Mg^{2+}：OH^-＝1：2 で結びつく。組成式は2個ある多原子イオンの OH を（ ）で囲んで，$Mg(OH)_2$ となる。
　名称は，水酸化物イオン＋マグネシウムイオンで，水酸化マグネシウム。

9 Cu^{2+}：OH^-＝1：2 で結びつく。組成式は2個ある多原子イオンの OH を（ ）で囲んで，$Cu(OH)_2$
　名称は水酸化物イオン＋銅(II)イオンで，水酸化銅(II)。銅は異なる価数のイオンをもつので，名称は「水酸化銅(II)」とイオンの価数も書く。

11 Cu^{2+}：SO_4^{2-}＝1：1 で結びつき，組成式は $CuSO_4$
　名称は，硫酸イオン＋銅(II)イオンで，硫酸銅(II)。

12 Al^{3+}：Cl^-＝1：3 で結びつくので，組成式は $AlCl_3$
　名称は塩化物イオン＋アルミニウムイオンで，塩化アルミニウム。

15 Al^{3+}：SO_4^{2-}＝2：3 で結びつくので，組成式は3個ある多原子イオンの SO_4 を（ ）で囲んで，$Al_2(SO_4)_3$
　名称は硫酸イオン＋アルミニウムイオンで，硫酸アルミニウム。

答

(例) KCl 塩化カリウム	1 KOH 水酸化カリウム	2 K_2O 酸化カリウム	3 K_2SO_4 硫酸カリウム
4 $MgCl_2$ 塩化マグネシウム	5 $Mg(OH)_2$ 水酸化マグネシウム	6 MgO 酸化マグネシウム	7 $MgSO_4$ 硫酸マグネシウム
8 $CuCl_2$ 塩化銅(II)	9 $Cu(OH)_2$ 水酸化銅(II)	10 CuO 酸化銅(II)	11 $CuSO_4$ 硫酸銅(II)
12 $AlCl_3$ 塩化アルミニウム	13 $Al(OH)_3$ 水酸化アルミニウム	14 Al_2O_3 酸化アルミニウム	15 $Al_2(SO_4)_3$ 硫酸アルミニウム

【論述問題】

❸ イオン結晶の電気伝導性

関連：教科書 p.56〜57

　イオン結晶の物質が，融解液や水溶液になると電気伝導性を示す理由を，30字程度で説明せよ。

ポイント 自由に動けるイオンがあると，電流が流れる。

解き方 イオン結晶の物質の融解液や水溶液では，イオンが自由に移動できるので，陽イオンが陰極に，陰イオンが陽極に移動して電流が流れる。

答 融解液や水溶液では，イオンが自由に移動できるようになるため。(30字)

節末問題のガイド 第3節

❹ 電解質と非電解質

関連：教科書 p.57

次の各物質を電解質と非電解質に分類せよ。

(ア) 塩化ナトリウム　　(イ) グルコース　　(ウ) エタノール

(エ) 塩化銅(Ⅱ)

ポイント 電解質は水溶液中で電離してイオンを生じる物質，非電解質は水溶液中で電離しない物質。

解き方 (ア) 塩化ナトリウム NaCl はイオン結晶の物質で，水溶液中で塩化物イオン Cl^- とナトリウムイオン Na^+ に電離する。

(イ)(ウ) すべて非金属元素でできているグルコース(ブドウ糖)$C_6H_{12}O_6$ やエタノール C_2H_5OH は，共有結合による分子からなり，電離しない。

(エ) 塩化銅(Ⅱ)はイオン結晶の物質で，水溶液中で塩化物イオン Cl^- と銅(Ⅱ)イオン Cu^{2+} に電離する。

読解力UP↑

水に溶けてイオンに分かれる物質は，イオン結晶の物質である。イオン結晶の物質は，金属元素と非金属元素からできているので，物質の名称から判断できる。

答 電解質：(ア), (エ)　　非電解質：(イ), (ウ)

❺ 原子の電子式

関連：教科書 p.38, 60

例にならって，次の各原子の電子配置を図で示し，さらに電子式を示せ。

(ア) リチウム原子 Li　　(イ) 窒素原子 N

(ウ) ネオン原子 Ne　　(エ) 硫黄原子 S

例 炭素原子 $_6C$

電子配置

電子式 ・C・

ポイント 電子式は，最外殻電子だけを元素記号のまわりに表示する。

解き方 原子内の電子は，エネルギー準位の低い内側の電子殻から順に収容されるので，K 殻に 2 個書いてから，L 殻に 8 個まで書き，さらに電子がある場合には M 殻に書いていく。電子の数は，原子番号と同じである。

例 の炭素原子 $_6$C の電子配置を K2, L4 と表すとすると,

(ア) リチウム原子 $_3$Li は, K2, L1

(イ) 窒素原子 $_7$N は, K2, L5

(ウ) ネオン原子 $_{10}$Ne は, K2, L8

(エ) 硫黄原子 $_{16}$S は, K2, L8, M6

　電子式は, 最外殻電子が 4 個以下なら電子を 1 個ずつ, 5 個以上になったら一部を電子対にして, 元素記号の上・下・左・右 4 方向に配置する。

答 (ア) リチウム原子 $_3$Li　　(イ) 窒素原子 $_7$N

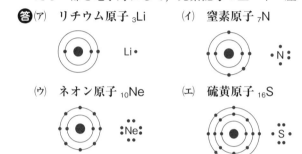

(ウ) ネオン原子 $_{10}$Ne　　(エ) 硫黄原子 $_{16}$S

節末問題のガイド　第3節

---

❻ 分子と共有結合　　　　　　　　　　　　　関連：教科書 p.59〜60

　次の文中の(　)に適切な数字や語句を記入せよ。

　水素原子 H と塩素原子 Cl から塩化水素分子 HCl を生じるとき, 各原子は, 互いに電子を(　ア　)個ずつ出し合い, 合計(　イ　)個の電子が共有されて結合を形成する。このように, 電子を共有して生じる結合を(　ウ　)結合という。塩化水素分子中の塩素原子の電子配置は, 貴ガスの(　エ　)原子に似た電子配置になっている。

ポイント　共有結合は原子どうしが不対電子を共有して, 互いに安定な電子配置をとる結合である。

解き方　(ア)(イ) 水素原子は電子を 1 個もち, これは不対電子である。塩素原子の 7 個の最外殻電子は, 3 組の電子対をつくり, 残り 1 個が不対電子である。水素原子, 塩素原子はともに, 1 個ずつ不対電子を出し合って, 2 個の電子を共有する。

思考力 UP↑

塩素原子と水素原子のような非金属元素の原子どうしは, 共有結合する。

㋒ 原子どうしが電子対を共有して形成する結合を，共有結合という。

㋓ 塩化水素の分子中では，塩素原子は，水素原子と出し合った電子2個を共有して，原子番号が1大きい貴ガスのアルゴン Ar に似た電子配置になって安定している。

答 ㋐ 1　　㋑ 2　　㋒ 共有　　㋓ アルゴン

---

❼ 電子式と構造式　　　　　　　　　　　　関連：教科書 p.60〜61

次の分子の電子式および構造式をそれぞれ記せ。

㋐ HF　　㋑ N_2　　㋒ H_2S　　㋓ CO_2　　㋔ CH_3Cl

ポイント 電子式の1組の共有電子対を，構造式では1本の線で表す。

解き方 共有結合では，原子が不対電子を出し合って共有電子対をつくり，2つの原子が共有する。

㋐ H と F は互いに不対電子を1個ずつもち，これを共有してフッ化水素 HF になる。

$$\text{H·} + \text{·}\ddot{\ddot{\text{F}}}\text{:} \longrightarrow \text{H}\overset{..}{\underset{..}{:}}\text{F:} \quad (\text{H-F})$$
　　　　　　　　　　└─共有電子対

㋑ N はそれぞれ3個の不対電子を出し，3組の共有電子対をつくる。

$$\text{:}\dot{\text{N}}\text{·} + \text{·}\dot{\text{N}}\text{:} \longrightarrow \text{:N}\vdots\vdots\text{N:} \quad (\text{N≡N})$$

㋒ S は2個の不対電子を，2つのH と共有する。

$$\text{H·} + \text{·}\dot{\ddot{\text{S}}}\text{·} + \text{·H} \longrightarrow \text{H}\vdots\text{S}\vdots\text{H} \quad (\text{H-S-H})$$

㋔ C は4個の不対電子を，H 3つと Cl とで共有する。

$$3(\text{H·}) + \text{·}\dot{\dot{\text{C}}}\text{·} + \text{·}\ddot{\ddot{\text{Cl}}}\text{:} \longrightarrow \text{H}\overset{\text{H}}{\underset{\text{H}}{\vdots\text{C}\vdots}}\ddot{\ddot{\text{Cl}}}\text{:} \quad \left(\begin{array}{c}\text{H}\\ | \\ \text{H-C-Cl} \\ | \\ \text{H}\end{array}\right)$$

答
㋐ $\text{H}\overset{..}{\underset{..}{:}}\text{F:}$　　　　H-F　　　　㋑ $\text{:N}\vdots\vdots\text{N:}$　　　　N≡N

㋒ $\text{H}\overset{..}{\underset{..}{\text{S}}}\text{:H}$　　　H-S-H　　　㋓ $\text{:}\ddot{\text{O}}\text{::C::}\ddot{\text{O}}\text{:}$　　O=C=O

㋔ $\text{H}\overset{\text{H}}{\underset{\text{H}}{:\overset{..}{\underset{..}{\text{C}}}:}}\ddot{\text{Cl}}\text{:}$　　$\begin{array}{c}\text{H}\\ | \\ \text{H-C-Cl} \\ | \\ \text{H}\end{array}$

❽ **配位結合**　　　　　　　　　　　　　　　　関連：教科書 p.64

配位結合に関する次の記述のうち，誤りを含むものを選べ。

(ア) 配位結合は，非共有電子対をもつ分子やイオンが，それを他の分子やイオンに一方的に供与して生じる共有結合である。

(イ) アンモニウムイオン NH_4^+ やオキソニウムイオン H_3O^+ は，配位結合によって生じたイオンである。

(ウ) アンモニウムイオンにおいて，配位結合で生じた N－H 結合と，他の N－H 結合は，区別することができる。

(エ) オキソニウムイオンの形は，三角錐形である。

ポイント 配位結合は他の共有結合と全く同じで，区別することはできない。

解き方 (ア) 配位結合は一方の分子やイオンの中の原子から非共有電子対が一方的に供与され，それを他の分子やイオンと共有する。正しい。

(イ) アンモニウムイオンやオキソニウムイオンは，アンモニアや水の分子と H^+ との配位結合によりできたイオンである。正しい。

(ウ) 配位結合は，共有結合とできる過程が異なるだけで，できた結合は共有結合と区別することはできない。誤り。

(エ) アンモニウムイオンは正四面体形だが，オキソニウムイオンは三角錐形である。正しい。

答 (ウ)

❾ **極性分子と無極性分子**　　　　　　　　　　関連：教科書 p.66～67

次の分子を，極性分子，無極性分子に分類せよ。

(ア) HF　　(イ) N_2　　(ウ) H_2S　　(エ) CO_2　　(オ) CH_3Cl

ポイント 多原子分子の極性は原子間の結合の極性と分子の形で決まる。

解き方 (ア)(イ)二原子分子では，フッ化水素 HF のように異種の原子が結びついたものは結合に極性が生じて極性分子になり，窒素 N_2 のように同種の原子が結びついたものは結合に極性がなく，無極性分子になる。

(ウ) 硫化水素 H_2S は，H－S 結合に極性があり，分子の形が折れ線形なので，極性分子である。

(エ) 二酸化炭素 CO_2 は，C＝O 結合に極性があるが，分子の形が直線形のため，結合の極性は互いに打ち消し合うので，無極性分子である。

(オ) クロロメタン CH_3Cl は，極性の大きさや向きが異なる C−H 結合と C−Cl 結合があるため，極性が生じる。

答 極性分子：(ア)，(ウ)，(オ)　無極性分子：(イ)，(エ)

⑩ 分子結晶　　　　　　　　　　　　　関連：教科書 p.69

次の結晶のうちから，分子結晶をすべて選べ。

(ア) ドライアイス　　　(イ) 二酸化ケイ素　　　(ウ) 塩化銀
(エ) 酸化マグネシウム　(オ) アルミニウム　　　(カ) ヨウ素
(キ) 鉄　　(ク) ケイ素

ポイント 分子結晶は，多数の分子が分子間力によって集合してできた結晶。分子間力が弱いので，昇華しやすいものがある。

解き方 ドライアイス(ア)は二酸化炭素分子 CO_2 が，ヨウ素(カ)はヨウ素分子 I_2 が分子間力で集合した分子結晶である。どちらも昇華しやすい。二酸化ケイ素 SiO_2(イ)は酸素原子とケイ素原子が，ケイ素 Si(ク)はケイ素原子が共有結合で多数結合した，共有結合の結晶である。アルミニウム(オ)と鉄(キ)は，金属元素の原子が金属結合で多数結合した金属結晶である。塩化銀(ウ)と酸化マグネシウム(エ)は，金属元素の陽イオンと非金属元素の陰イオンからなるイオン結晶の物質である。

答 (ア)，(カ)

⑪ 金属結合　　　　　　　　　　　　　関連：教科書 p.76〜77

次の文中の（　）に適切な語句を記入せよ。

アルミニウムや銅などの金属元素の原子は，イオン化エネルギーが（　ア　）く，価電子を放出しやすい。金属では，隣接した金属原子の最外殻が重なり合い，価電子はこれを伝って，金属内を自由に動くことができる。このような価電子を（　イ　）といい，金属原子を互いに結びつけるはたらきをしている。(イ)による金属原子を互いに結びつける結合を（　ウ　）結合という。金属は，(イ)をもつため，熱や（　エ　）を導きやすい。

ポイント 金属結合は，自由電子が金属原子を結びつける結合である。

解き方 (ア)　金属元素の原子は，一般にイオン化エネルギーが小さく，価電子を放出しやすい。

(イ)(ウ)　金属では，重なり合った最外殻を伝って自由電子が自由に動きまわり，金属原子を互いに結びつけている。

(エ)　自由電子が金属内を動くため，熱や電気を導きやすい。

答 (ア) 小さ　(イ) 自由電子　(ウ) 金属　(エ) 電気

⑫ 結晶の性質　　　　関連：教科書 p.56, 59, 74~76, 80~81

次の(1)~(4)にあてはまる結晶を，下の(ア)~(エ)から選び，その例を(a)~(d)から選べ。

(1)　多数の原子がすべて共有結合で連なっており，かたくて融点が高い。

(2)　光沢を示し，展性や延性をもつ。

(3)　結晶を構成する粒子は静電気的な引力で結合しており，かたいがもろく，割れやすい。

(4)　融点が低く，昇華しやすいものもある。

(ア)　イオン結晶　(イ)　分子結晶　(ウ)　共有結合の結晶

(エ)　金属結晶

(a)　カルシウム　(b)　塩化銅(Ⅱ)　(c)　ダイヤモンド

(d)　ナフタレン

ポイント 結晶の種類によって，かたさや融点，外力による変化のしかたが異なる。

解き方 (1)　共有結合で連なっているのは共有結合の結晶で，ダイヤモンドのようにかたくて融点が高いのが特徴である。

(2)　金属の特性である光沢や展性・延性は，金属内を自由に移動する自由電子によるものである。

(3)　陽イオンと陰イオンの間にはたらく静電気的な引力で結合しているのはイオン結晶である。

(4)　分子間力が弱いため，分子結晶は融点が低く，ナフタレンやヨウ素のように昇華しやすいものもある。

答 (1) (ウ), (c)　(2) (エ), (a)　(3) (ア), (b)　(4) (イ), (d)

第Ⅱ章　物質の変化

第1節　物質量と化学反応式

教科書の整理

① 原子量・分子量と式量

教科書 p.90～93

A 原子の質量と相対質量

①**相対質量**　原子の質量は，質量数 12 の炭素原子 ^{12}C の質量を端数なしの「12」と定め，これを基準とした相対質量で表す。

$$原子の相対質量 = 12 \times \frac{原子の質量}{^{12}C\ 原子の質量}$$

> ⚠ **ここに注意**
> 相対質量や原子量は，相対値なので単位はつけない。

B 元素の原子量

①**原子量**　各元素の原子の相対質量の平均値。同位体が存在する元素では，同位体の相対質量と天然存在比から原子の相対質量の平均値を求める。Na や Al など同位体が存在しない元素は，原子の相対質量が原子量となる。

> 例　Cの原子量は，天然には ^{12}C が 98.93 %，^{13}C（相対質量 13.003）が 1.07 %存在するので，
>
> $$Cの原子量 = 12 \times \frac{98.93}{100} + 13.003 \times \frac{1.07}{100} = 12.01$$

> ⚠ **ここに注意**
> 同位体の天然存在比はほぼ一定である。

C 分子量

①**分子量**　分子式にもとづいて求めた，構成元素の原子量の総和。$^{12}C=12$ を基準にした分子の相対質量。

D 式量

①**式量**　イオンやイオン結晶，金属結晶など，構成粒子が分子ではない物質の質量を，イオンを表す化学式や組成式を構成する元素の原子量の総和で表したもの。

②**イオンの式量**　イオンを表す化学式を構成する元素の原子量の総和。

> 例　SO_4^{2-} の式量 ＝（Sの原子量）×1＋（Oの原子量）×4
> 　　　　　＝32×1＋16×4＝96

> ⚠ **ここに注意**
> 電子の質量は原子に比べて非常に小さいので，イオンの質量は，イオンを構成する元素の原子量の総和にほぼ等しい。

③**イオン結晶の式量**　組成式を構成する元素の原子量の総和。

　例　NaClの式量＝(Naの原子量)×1＋(Clの原子量)×1
　　　　　　　　＝23×1＋35.5×1＝58.5

④**金属結晶，共有結合の結晶の式量**　鉄 Fe やダイヤモンドC
のように組成式が原子1個の元素記号で表されるものは，原
子量が式量となる。

② 物質量

教科書 p.94〜101

A 物質量とアボガドロ定数

①**1 mol(モル)**　$6.02214076×10^{23}$ 個の粒子の集団。

②**物質量**　molを単位として示された量。

③**アボガドロ定数**　1 mol あたりの粒子の数 $6.02214076×10^{23}$
/mol をアボガドロ定数(記号 N_A)という。

　アボガドロ定数は，通常は $6.02×10^{23}$/mol を用いる。

$$物質量〔mol〕＝\frac{構成粒子の数}{アボガドロ定数〔/mol〕}$$

＊本書の計算問題では，特に指定のない限り，アボガドロ定数には
　$6.0×10^{23}$/mol を用いる。

B 物質量と質量の関係

①**モル質量**　1 mol の物質($6.02×10^{23}$ 個の粒子の集団)の質量
は，原子量や分子量，式量に g をつけた値になる。物質1
mol あたりの質量をモル質量といい，原子量や分子量，式
量に「g/mol」をつけて表される。物質の
物質量は，その質量をモル質量で割ると求
められる。

$$物質量〔mol〕＝\frac{質量〔g〕}{モル質量〔g/mol〕}$$

C 物質量と気体の体積の関係

①**アボガドロの法則**　アボガドロによって提唱された，気体の
体積と気体の分子の数の間に成り立つ法則。

**同温，同圧のもとで，同体積の気体は，気体の種類に関係
なく，同数の分子を含む。**

・1 mol の分子を含む気体の体積は，その種類に関係なく，
同温，同圧であれば，同体積を占める。

教科書の整理　第1節

⚠ここに注意
物質 1 mol と
は，構成粒子
$6.02×10^{23}$ 個
の集団を指す。
例　水 1 mol
は $6.02×10^{23}$
個の水の分子
H_2O の集団。
この中に，水
素原子Hは
2 mol 含まれ
ている。

📋テストに出る
原子量・分子量(相対質量)の比
＝10 個の集団の質量の比
＝$6.02×10^{23}$ 個の集団の質量の比
＝モル質量の比

②**モル体積** 気体 1 mol あたりの体積。0 ℃，$1.013×10^5$ Pa（標準状態）における気体の体積は，気体の種類に関係なく，22.4 L/mol である。

$$気体の物質量〔mol〕＝\frac{気体の体積〔L〕}{モル体積〔L/mol〕}＝\frac{気体の体積〔L〕}{22.4 \text{ L/mol}}$$

③**気体の密度** 気体 1 L あたりの質量。

$$気体の密度〔g/L〕＝\frac{質量〔g〕}{体積〔L〕}＝\frac{モル質量〔g/mol〕}{モル体積〔L/mol〕}$$

④**平均分子量** 混合気体のモル質量を，成分気体のモル質量とその混合割合から求めた数値。空気の平均分子量は 28.8。

もっと詳しく
気体の密度は，分子量やモル質量に比例する。

❸ 溶解と濃度

教科書 p.104～109

A 溶解と溶液

①**溶解** 物質が液体に溶けて，全体が均一な液体になる現象。
②**溶媒・溶質** 物質を溶かしている液体を**溶媒**，溶けている物質を**溶質**という。
③**溶液** 溶質と溶媒が均一になっている液体。
　溶媒が水の場合を，特に**水溶液**という。

B 濃度

①**濃度** 溶液に含まれる溶質の割合。質量パーセント濃度やモル濃度が用いられる。
②**質量パーセント濃度** 溶液の質量に対する溶質の質量の割合を，百分率〔%〕で表した濃度。

⚠ここに注意
硫酸銅(Ⅱ)五水和物 $CuSO_4·5H_2O$ のように結晶水をもつ物質を水に溶かすと，結晶水は溶媒の水の一部になる。

$$質量パーセント濃度〔\%〕＝\frac{溶質の質量〔g〕}{溶液の質量〔g〕}×100$$
$$＝\frac{溶質の質量〔g〕}{溶媒の質量〔g〕＋溶質の質量〔g〕}×100$$

③**モル濃度** 溶液 1 L あたりの溶質の量を，物質量〔mol〕で表した濃度。単位はモル毎リットル（記号 mol/L）。

$$モル濃度〔mol/L〕＝\frac{溶質の物質量〔mol〕}{溶液の体積〔L〕}$$
$$溶質の物質量〔mol〕＝モル濃度〔mol/L〕×溶液の体積〔L〕$$

教科書 p.107　発展　溶解のしくみ

●**水和**　水溶液中でイオンや分子と水分子が結合する現象。水和したイオンを**水和イオン**という。例えば、Na^+ や Cl^- は水和によって安定な水和イオンを形成するため、塩化ナトリウム $NaCl$ は水に溶けやすい。イオン結晶の物質やスクロースのような極性のある分子は、水和するため、溶解しやすい。

教科書 p.108　Plusα　分子の大きさを実感しよう

●**単分子膜**　分子1層からなる膜。実験a（教科書p.108）では、単分子膜を利用して、ステアリン酸分子の断面積を求める（本書p.71）。

④ 化学変化と化学反応式　　　教科書 p.110〜112

A 化学反応式

①**化学変化**（または**化学反応**）　物質の成分元素の組み合わせが変わり、ある物質が他の物質に変わる現象。

②**反応物と生成物**　化学変化において反応する物質を**反応物**、生成する物質を**生成物**という。

③**化学反応式**（または**反応式**）　化学式を用いて化学変化を表した式。化学反応式で、化学式の前につける数字を**係数**という。

⚠ここに注意
化学反応式では、化学変化に関係していない溶媒の水などは書かない。

⚠ここに注意
化学変化の前後で、原子の種類と数は変わらない。

📝テストに出る

化学反応式のつくり方（H_2 と O_2 から H_2O が生じる変化）

❶反応物の化学式を左辺、生成物の化学式を右辺に書き、矢印⟶で両辺を結ぶ。	$H_2 + O_2 \longrightarrow H_2O$
❷左辺と右辺で、原子の種類と数が等しくなるように、最も簡単な整数比で化学式の前に係数をつける。	$2H_2 + O_2 \longrightarrow 2H_2O$　係数が1のときは省略する

教科書 p.111　Plusα　未定係数法—複雑な化学反応式の係数の決め方—

●**未定係数法**　化学反応式の係数を未知数として文字で表し、両辺の各原子の数が等しくなるように連立方程式を立てて係数を決める方法。

B イオン反応式

①**イオン反応式** イオンが関係する反応を、反応に関与しないイオンを省略して表した反応式をイオン反応式という。

> ⚠️**ここに注意**
> イオン反応式の両辺では、原子の種類と数だけでなく、電荷の総和も等しい。

❺ 化学反応の量的関係   教科書 p.114〜121

A 炭酸水素ナトリウムの熱分解の量的関係

・化学反応式の係数の比は、反応物や生成物の物質量の比と等しい。

例 $2NaHCO_3 \longrightarrow Na_2CO_3 + H_2O + CO_2$
$NaHCO_3$ の物質量：Na_2CO_3 の物質量＝2：1

B 化学反応式の係数と反応の量的関係

・化学反応式の係数の比は、各物質の物質量の比を表す。

化学反応式	2CO	+	O_2	$\longrightarrow$	$2CO_2$
係数の比	2		1		2
分子の数〔個〕	2 個		1 個		2 個
物質量〔mol〕	2 mol ($2×6.0×10^{23}$ 個)		1 mol ($1×6.0×10^{23}$ 個)		2 mol ($2×6.0×10^{23}$ 個)
質量〔g〕	28 g×2 ──88 g──		32 g×1		44 g×2 ──88 g──
気体の体積〔L〕 (0℃, $1.013×10^5$ Pa)	22.4 L×2		22.4 L×1		22.4 L×2

●**過不足のある反応** 化学反応で、一方の物質が不足し、もう一方の物質が反応せずに残る場合には、不足する方の物質（すべて反応した物質）の量から、反応の量的関係を考える。

化学反応式	2Al	+	Fe_2O_3	$\longrightarrow$	Al_2O_3	+	2Fe
反応前の量〔mol〕	0.20		0.050		0		0
変化した量〔mol〕	−0.10		−0.050		+0.050		+0.10
反応後の量〔mol〕	0.10		0		0.050		0.10

> Al がすべて反応するには Fe_2O_3 があと 0.050 mol 必要

6 化学変化における諸法則

教科書 p.122～123

①**質量保存の法則**　1774 年，ラボアジエが発見した。

反応物の質量の総和と，生成物の質量の総和は等しい。

②**定比例の法則**　1799 年，プルーストが発見した。

同じ化合物中の成分元素の質量比は，常に一定である。

③**倍数比例の法則**　1803 年，ドルトンは原子説を提唱し，その原子説を説明するために倍数比例の法則を発見した。

2 種類の元素 A，B からなる化合物が 2 種類以上あるとき，A の一定質量と結びつく B の質量は，化合物どうしで簡単な整数比になる。

　例　酸化銅(Ⅱ)CuO では質量比が銅：酸素＝3.97：1，酸化銅(Ⅰ)Cu_2O では銅：酸素＝7.94：1 で結びつく。2 つの化合物では，一定量の酸素と結びつく銅は，

　　　酸化銅(Ⅱ)：酸化銅(Ⅰ)＝3.97：7.94＝1：2

と，簡単な整数比になる。

④**気体反応の法則**　1808 年，ゲーリュサックが発見した。

気体が反応したり，生成したりする化学変化において，これらの気体の体積比は，同温，同圧のもとで，簡単な整数比になる。

⑤**アボガドロの法則**　1811 年，アボガドロは，気体反応の法則を説明するために，気体は原子が結合した分子からなるという**分子説**を唱え，アボガドロの法則を発表した。

同温，同圧のもとで，同体積の気体は，気体の種類に関係なく，同数の分子を含む。

もっと詳しく

定比例の法則
例えば酸化銅(Ⅱ)は，製法が異なっても，質量の比は常に，銅：酸素＝3.97：1 になる。

もっと詳しく

原子説
すべての物質は，それ以上分割できない最小の粒子である原子からなるという説。

もっと詳しく

同体積中の気体には同数の分子が含まれるという分子説と，アボガドロの法則によって，原子説と気体反応の法則の矛盾が解消された。

実験のガイド

教科書 **p.99** | 🧪 **実 験** | **1. 気体の体積と物質量の関係を調べる**

方法 ・気体の体積を測定するときは、メスシリンダーに水を満たし、空気が入らないように倒立させて、固定する。

・気体の体積を測定するときは、メスシリンダー内の水面と水槽の水面の高さを一致させる。

・測定する気体の分子量を求めておく。

窒素 N_2 ⇒窒素Nの原子量×2＝14×2＝28

ブタン C_4H_{10}⇒炭素Cの原子量×4＋水素Hの原子量×10
　　　　　　＝12×4＋1.0×10＝58

アルゴン Ar ⇒アルゴンの原子量＝40

考察 本書では教科書 p.99 の結果をもとに考察を進める。

気体(分子量)	窒素 N_2 (28)	ブタン C_4H_{10} (58)	アルゴン Ar (40)
気体の質量〔g〕	0.23 g	0.49 g	0.34 g
気体の体積〔mL〕	210 mL	215 mL	216 mL

それぞれの気体 1 mL あたりの物質量を求める。

・窒素　　物質量＝$\dfrac{質量}{モル質量}$＝$\dfrac{0.23\ \mathrm{g}}{28\ \mathrm{g/mol}}$＝$8.21×10^{-3}$ mol

　　　　1 mL あたりの物質量＝$\dfrac{8.21×10^{-3}\ \mathrm{mol}}{210\ \mathrm{mL}}$＝$\underline{3.9×10^{-5}\ \mathrm{mol/mL}}$

・ブタン　物質量＝$\dfrac{質量}{モル質量}$＝$\dfrac{0.49\ \mathrm{g}}{58\ \mathrm{g/mol}}$＝$8.44×10^{-3}$ mol

　　　　1 mL あたりの物質量＝$\dfrac{8.44×10^{-3}\ \mathrm{mol}}{215\ \mathrm{mL}}$＝$\underline{3.9×10^{-5}\ \mathrm{mol/mL}}$

・アルゴン　物質量＝$\dfrac{質量}{モル質量}$＝$\dfrac{0.34\ \mathrm{g}}{40\ \mathrm{g/mol}}$＝$8.50×10^{-3}$ mol

　　　　1 mL あたりの物質量＝$\dfrac{8.50×10^{-3}\ \mathrm{mol}}{216\ \mathrm{mL}}$＝$\underline{3.9×10^{-5}\ \mathrm{mol/mL}}$

窒素、ブタン、アルゴンの気体 1 mL あたりの物質量が等しいことから、同温、同圧のもとで、同体積に含まれる気体分子の個数は、気体の種類に関係なく等しいと考えられる。

教科書 **p.108** ◢ **実 験** **a. 単分子膜法で分子の断面積を求める**

ガイド

結果 本書では教科書 p.109 の結果をもとに考察を進める。

ステアリン酸の質量〔g〕	ヘキサン溶液 1 滴の体積〔mL〕	単分子膜の面積〔cm²〕
0.032 g	0.022 mL	33 cm²

考察 (1) ①まず，ステアリン酸 0.032 g をヘキサンに溶かして調製した 100 mL ヘキサン溶液のモル濃度を求める。

ステアリン酸 $C_{17}H_{35}COOH$ のモル質量 284 g/mol より，

$$モル濃度〔mol/L〕 = \frac{物質量〔mol〕}{溶液の体積〔L〕} = \frac{\dfrac{0.032\ g}{284\ g/mol}}{\dfrac{100}{1000}\ L}$$

$$= 1.12 \times 10^{-3}\ mol/L$$

②次に，滴下したヘキサン溶液 1 滴中のステアリン酸の物質量を求める。

滴下したヘキサン溶液の体積が 0.022 mL なので，

$$物質量〔mol〕 = モル濃度〔mol/L〕 \times 体積〔L〕$$

$$= 1.12 \times 10^{-3}\ mol/L \times \frac{0.022}{1000}\ L = 2.46 \times 10^{-8}\ mol$$

③滴下したヘキサンに含まれるステアリン酸の分子数を求める。

$$分子数 = アボガドロ定数〔/mol〕 \times 物質量〔mol〕$$

$$= 6.02 \times 10^{23}\ /mol \times 2.46 \times 10^{-8}\ mol = 1.48 \times 10^{16}$$

よって，滴下したヘキサン溶液には，1.48×10^{16} 個のステアリン酸の分子が含まれている。

(2) (1)で求めた 1.48×10^{16} 個のステアリン酸分子が単分子膜を形成し，その面積が 33 cm² なので，分子 1 個の断面積は，

$$分子 1 個の断面積〔cm^2〕 = \frac{面積〔cm^2〕}{分子数} = \frac{33\ cm^2}{1.48 \times 10^{16}} = 2.22 \times 10^{-15}\ cm^2$$

$$= 2.2 \times 10^{-15}\ cm^2$$

よって，ステアリン酸分子の断面積は $2.2 \times 10^{-15}\ cm^2$ である。

教科書 p.114 🧪 **実 験** 2. 炭酸水素ナトリウムの熱分解の質量変化を調べる

炭酸水素ナトリウムの熱分解は次の化学反応式で表される。

$$2NaHCO_3 \longrightarrow Na_2CO_3 + H_2O + CO_2$$

|考察| 教科書 p.115 の結果をもとに，炭酸水素ナトリウム $NaHCO_3$ の質量を横軸，炭酸ナトリウム Na_2CO_3 の質量を縦軸にとって，その関係を右図のようにグラフに表す。

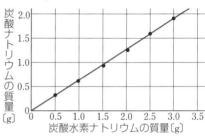

・反応物 $NaHCO_3$ と生成物 Na_2CO_3 の質量には比例関係がある。

・傾きから，$NaHCO_3$ と Na_2CO_3 の質量の比は，$NaHCO_3 : Na_2CO_3 = 1 : 0.63$ で，化学反応式の係数の比の 2：1 になっていない。そこで，次の仮説を立ててみる。

仮説 化学反応式の係数の比は，物質量の比と関連づけられる。

●仮説の検証

$NaHCO_3$ のモル質量 84 g/mol，Na_2CO_3 のモル質量 106 g/mol から，

$$物質量〔mol〕 = \frac{質量〔g〕}{モル質量〔g/mol〕}$$

より，それぞれの物質量を求める。

教科書 p.116 の数値をもとに，$NaHCO_3$ の物質量を横軸，Na_2CO_3 の物質量を縦軸にとって，その関係を右図のようにグラフに表す。

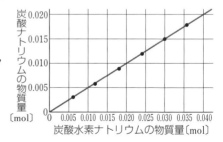

・$NaHCO_3$ と Na_2CO_3 の物質量には比例関係がある。

・直線の傾きが 0.50 であることから，$NaHCO_3$ と Na_2CO_3 の物質量の比は，$NaHCO_3 : Na_2CO_3 = 2.0 : 1.0$ で，化学反応式の係数の比の 2：1 に一致する。

結論 化学反応式の係数の比は，反応物や生成物の物質量〔mol〕の比と等しい。

実験 **3. 過不足のある反応における化学反応の量的関係を調べる**

教科書 p.120

炭酸カルシウム $CaCO_3$ と塩酸(HCl の水溶液)の反応は次式で表される。

$$CaCO_3 + 2HCl \longrightarrow CaCl_2 + H_2O + CO_2$$

┃考察┃ 1. (発生した二酸化炭素の質量)＝(空気中に拡散した二酸化炭素の質量)と考えて，空気中に拡散した二酸化炭素の質量を，反応前後の質量の差から測定している。そのため，フラスコ内に二酸化炭素が残っていると，正確に質量を求めることができないからである。

2. 物質量は，$CaCO_3$ のモル質量 100 g/mol，CO_2 のモル質量 44 g/mol から，物質量〔mol〕＝$\dfrac{質量〔g〕}{モル質量〔g/mol〕}$ で求める。

教科書 p.121 の数値をもとに，加えた $CaCO_3$ の物質量を横軸，発生した CO_2 の物質量を縦軸にとりグラフに表すと，右の図のようになる。

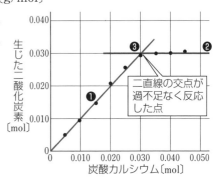

二直線の交点が過不足なく反応した点

グラフの**❶**：加えた $CaCO_3$ の物質量が少ないときには，$CaCO_3$ はすべて反応し HCl が余っている。CO_2 の物質量は加えた $CaCO_3$ の物質量に比例し，物質量の比は $CaCO_3$：CO_2＝1：1 と化学反応式の係数の比に等しい。

グラフの**❷**：$CaCO_3$ の物質量を増やしても，CO_2 の物質量はほぼ一定で変化しなくなる。水溶液中には未反応の $CaCO_3$ が残り，そのため溶液は白濁する。よって，仮説は検証された。

グラフの**❸**：二直線の交点で，$CaCO_3$ と HCl が過不足なく反応した。したがって，この実験で用いた 10 mL の塩酸は，0.030 mol の $CaCO_3$ と過不足なく反応したことがわかる。

化学反応式の係数の比から，HCl の物質量は，過不足なく反応した $CaCO_3$ の物質量の 2 倍なので，0.060 mol とわかる。実験で用いた塩酸の体積が 10 mL（＝0.010 L）だったので，塩酸のモル濃度は，

モル濃度＝$\dfrac{塩化水素の物質量〔mol〕}{塩酸の体積〔L〕}$＝$\dfrac{0.060 \text{ mol}}{0.010 \text{ L}}$＝6.0 mol/L である。

実験のガイド　第 1 節

問・TRY・Checkのガイド

教科書
p.92
問 1

ホウ素の同位体には, ^{10}B と ^{11}B があり, それぞれの相対質量は 10.0 と 11.0 である。また, ^{10}B の天然存在比は 20.0 %, ^{11}B は 80.0 %である。ホウ素の原子量を小数第1位まで求めよ。

ポイント 　原子量は, 元素を構成する原子の相対質量の平均値である。

解き方 　元素の原子量＝(同位体の相対質量×天然存在比)の総和

ホウ素の原子量＝$10.0 \times \dfrac{20.0}{100} + 11.0 \times \dfrac{80.0}{100} = 10.8$

答 10.8

教科書
p.92
問 2

次の各分子の分子量を求めよ。

(1) メタン CH_4 　　(2) 硫酸 H_2SO_4 　　(3) エタノール C_2H_6O

ポイント 　分子量は, 分子を構成する各元素の原子量の総和である。

解き方 (1) CH_4 の分子量＝(C の原子量)×1＋(H の原子量)×4
$= 12 \times 1 + 1.0 \times 4 = 16$

(2) H_2SO_4 の分子量＝$1.0 \times 2 + 32 \times 1 + 16 \times 4 = 98$

(3) C_2H_6O の分子量＝$12 \times 2 + 1.0 \times 6 + 16 \times 1 = 46$

答 (1) **16** 　　(2) **98** 　　(3) **46**

教科書
p.92
問 3

1個の水分子 H_2O の質量は1個の炭素原子Cの質量の何倍か。

ポイント 　原子量や分子量は, 原子や分子の相対質量である。

解き方 　相対質量をもとにした原子量や分子量は, 原子や分子の質量の比を表す。

H_2O の分子量＝$1.0 \times 2 + 16 = 18$ 　　Cの原子量＝12

$18 \div 12 = 1.5$(倍)

答 1.5 倍

教科書 p.93 問 4

次のイオンや物質の式量を求めよ。

(1) アンモニウムイオン NH_4^+ 　(2) 塩化マグネシウム $MgCl_2$

(3) 炭酸ナトリウム Na_2CO_3 　(4) カルシウム Ca

(5) 炭酸ナトリウム十水和物 $Na_2CO_3 \cdot 10H_2O$

ポイント　式量は，イオンの化学式や組成式を構成する各元素の原子量の総和である。

解き方 (1) NH_4^+ の式量＝（Nの原子量）$\times 1$＋（Hの原子量）$\times 4$

$\qquad\qquad = 14 \times 1 + 1.0 \times 4 = 18$

(2) $MgCl_2$ の式量＝$24 \times 1 + 35.5 \times 2 = 95$

(3) Na_2CO_3 の式量＝$23 \times 2 + 12 \times 1 + 16 \times 3 = 106$

(4) Ca の式量＝Caの原子量＝40

(5) 結晶水を含む場合，水分子も式量に加えて計算する。

$Na_2CO_3 \cdot 10H_2O$ の式量＝Na_2CO_3 の式量＋（H_2O の分子量）$\times 10$

$\qquad\qquad\qquad = 106 + 18 \times 10 = 286$

答(1) **18**　(2) **95**　(3) **106**　(4) **40**　(5) **286**

教科書 p.93 Check

原子量とはどのような値かを説明しよう。

答 原子の質量は $^{12}C = 12$ を基準とした相対質量で表され，原子量は，同位体の存在比も考慮に入れての元素を構成する原子の相対質量の平均値である。同位体が存在する元素では，原子量は各同位体の相対質量の平均値となり，（同位体の相対質量）$\times$（天然存在率）の総和で求められる。

Na や Al などの同位体が存在しない元素では，原子の相対質量が原子量となる。

教科書 p.95 問 5

3.0×10^{22} 個のアンモニア分子 NH_3 がある。次の各問に答えよ。

(1) このアンモニア分子は何 mol か。

(2) このアンモニアには水素原子 H が何 mol 含まれるか。

ポイント　分子の個数をアボガドロ定数で割って，物質量を求める。

問・TRY・Checkのガイド　第1節

解き方(1)　物質量＝$\dfrac{個数}{アボガドロ定数}＝\dfrac{3.0\times10^{22}}{6.0\times10^{23}/mol}＝0.050〔mol〕$

(2)　アンモニア NH_3 1分子には3個の水素原子 H が含まれているので，0.050 mol の NH_3 には 0.050 mol×3＝0.15 mol 含まれる。

答(1)　**0.050 mol**　　(2)　**0.15 mol**

教科書
p.95
TRY①

茶碗1杯のご飯には，米粒が約3000個含まれる。地球に暮らす78億人が茶碗1杯のご飯を毎日3食食べ続けるとすると，1 mol の米粒（6.0×10^{23} 個）を食べ切るために何年かかるか。

解き方　1人が1日に食べる米粒は9000個＝9.0×10^3 個，78億人＝7.8×10^9 人である。

地球に暮らす人が1年間に食べる米粒は，

9.0×10^3 個×7.8×10^9 人×365日＝2.56×10^{16} 個

6.0×10^{23} 個の米粒を食べ切るには，

6.0×10^{23} 個÷（2.56×10^{16} 個）＝2.3×10^7 年

約2千3百万年かかる。

答 約2千3百万年

教科書
p.97
問 6

5.6 g の酸化カルシウム CaO は何 mol か。また，酸化カルシウム 0.25 mol は何 g か。

ポイント　　**質量を，モル質量で割れば物質量が求められる。**

解き方　酸化カルシウム CaO は，式量が 40＋16＝56 なので，モル質量は 56 g/mol である。

したがって 5.6 g の CaO の物質量は，

物質量＝$\dfrac{質量}{モル質量}＝\dfrac{5.6\ g}{56\ g/mol}$

　　　＝0.10 mol

また，0.25 mol の CaO の質量は，

質量＝モル質量×物質量

　　　＝56 g/mol×0.25 mol＝14 g

答 物質量：0.10 mol　　質量：14 g

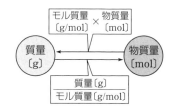

教科書
p.98

問 7

次の各問に答えよ。

(1)　4.8 g の黒鉛 C の物質量は何 mol か。

(2)　1.2×10^{23} 個の二酸化炭素分子 CO_2 の質量は何 g か。

(3)　4.0 g の水素 H_2 に含まれる水素原子の数は何個か。

(4)　57 g の塩化マグネシウム $MgCl_2$ の物質量は何 mol か。また，これに含まれるマグネシウムイオン Mg^{2+} および塩化物イオン Cl^- の物質量はそれぞれ何 mol か。

ポイント　　(2)　**個数から物質量を求め，質量に変換する。**

解き方 (1)　黒鉛 C の式量は 12 なので，モル質量は 12 g/mol である。

4.8 g の黒鉛の物質量は，

$$物質量 = \frac{質量}{モル質量} = \frac{4.8\text{ g}}{12\text{ g/mol}} = 0.40\text{ mol}$$

(2)　1.2×10^{23} 個の二酸化炭素分子 CO_2 の物質量は，

$$物質量 = \frac{個数}{アボガドロ定数} = \frac{1.2 \times 10^{23}}{6.0 \times 10^{23}/\text{mol}} = 0.20\text{ mol}$$

CO_2 の分子量は，（C の原子量）＋（O の原子量）×2＝12＋16×2＝44
より，モル質量は 44 g/mol

0.20 mol の CO_2 の質量は，

$$質量 = モル質量 \times 物質量 = 44\text{ g/mol} \times 0.20\text{ mol} = 8.8\text{ g}$$

(3)　水素 H_2 の分子量は 2.0 なので，モル質量は 2.0 g/mol である。

4.0 g の H_2 の物質量は，$物質量 = \dfrac{質量}{モル質量} = \dfrac{4.0\text{ g}}{2.0\text{ g/mol}} = 2.0\text{ mol}$

水素分子 H_2 は水素原子 H 2 個からなるので，2.0 mol の H_2 に含まれる水素原子は 2.0 mol×2＝4.0 mol　よって，その個数は，

$$6.0 \times 10^{23}/\text{mol} \times 4.0\text{ mol} = 2.4 \times 10^{24}$$

(4)　塩化マグネシウム $MgCl_2$ の式量は，

（Mg の原子量）＋（Cl の原子量）×2＝24＋35.5×2＝95

したがって，$MgCl_2$ のモル質量は 95 g/mol だから，57 g の $MgCl_2$ の物質量は，

$$物質量 = \frac{質量}{モル質量} = \frac{57\text{g}}{95\text{ g/mol}} = 0.60\text{ mol}$$

1 mol の $MgCl_2$ には 1 mol の Mg^{2+} と 2 mol の Cl^- が含まれるので，

0.60 mol の $MgCl_2$ に含まれるそれぞれのイオンの物質量は，

$$Mg^{2+} : 0.60 \text{ mol} \times 1 = 0.60 \text{ mol}$$
$$Cl^- : 0.60 \text{ mol} \times 2 = 1.2 \text{ mol}$$

答(1) **0.40 mol** (2) **8.8 g** (3) **2.4×10²⁴ 個**

(4) $MgCl_2$: **0.60 mol** Mg^{2+} : **0.60 mol** Cl^- : **1.2 mol**

教科書 p.100 問 8

次の各問に答えよ。

(1) 0 ℃，1.013×10^5 Pa で 5.6 L を占めるメタン CH_4 は何 mol か。また，その質量は何 g か。

(2) 2.5 mol の二酸化炭素 CO_2 が 0 ℃，1.013×10^5 Pa で占める体積は何 L か。

ポイント 0 ℃，1.013×10^5 Pa でのモル体積は，気体の種類に関係なく 22.4 L/mol

解き方(1) 0 ℃，1.013×10^5 Pa での気体のモル体積は 22.4 L/mol なので，5.6 L のメタン CH_4 の物質量は，

$$物質量 = \frac{気体の体積}{モル体積} = \frac{5.6 \text{ L}}{22.4 \text{ L/mol}} = 0.25 \text{ mol}$$

また，CH_4 のモル質量は，$12 + 1.0 \times 4 = 16$ g/mol なので，0.25 mol の CH_4 の質量は，

$$質量 = モル質量 \times 物質量 = 16 \text{ g/mol} \times 0.25 \text{ mol} = 4.0 \text{ g}$$

(2) 0 ℃，1.013×10^5 Pa での気体のモル体積は 22.4 L/mol なので，2.5 mol の二酸化炭素 CO_2 の体積は，$22.4 \text{ L/mol} \times 2.5 \text{ mol} = 56 \text{ L}$

答(1) 物質量：**0.25 mol** 質量：**4.0 g** (2) **56 L**

教科書 p.101 問 9

同温・同圧において，気体Aと窒素 N_2 の密度〔g/L〕を比較したところ，気体Aの密度は窒素の密度の 1.5 倍であった。気体Aの分子量はいくらか。

ポイント 気体の密度は，モル質量や分子量に比例する。

解き方 気体Aの密度は窒素 N_2 の密度の 1.5 倍であることより，気体A 22.4 L の質量は N_2 22.4 L の質量の 1.5 倍である。したがって，気体Aの分子量は，N_2 の分子量 $= 14 \times 2 = 28$ の 1.5 倍である。

気体Aの分子量 $= 28 \times 1.5 = 42$

答 42

教科書 p.101 問 10　酸素 O_2 と水素 H_2 を物質量比 1：2 で混合した。この混合気体の平均分子量はいくらか。

ポイント　混合気体のモル質量を求め，平均分子量とする。

解き方　酸素 O_2 のモル質量は $16×2＝32$ g/mol で，混合気体中の酸素の割合は $\dfrac{1}{3}$ である。一方，水素 H_2 のモル質量は $1.0×2＝2.0$ g/mol で，混合気体中の水素の割合は $\dfrac{2}{3}$ である。よって，混合気体のモル質量は，

$$32.0 \text{ g/mol}×\dfrac{1}{3}＋2.0 \text{ g/mol}×\dfrac{2}{3}＝12 \text{ g/mol}$$

混合気体の平均分子量は 12 である。

答 12

教科書 p.101 TRY ②　都市ガス（主成分はメタン CH_4）の検知器は部屋の上部にあるか下部にあるか，理由とともに答えよ。

解き方　気体は，分子量が大きいものほど密度が大きい。メタンの分子量を求めて，空気の平均分子量と比較する。

答 都市ガスの主成分であるメタンの分子量 $12＋1.0×4＝16.0$ は，空気の平均分子量 28.8 より小さいので，メタンの密度は空気より小さく，部屋の上部にたまる。そのため，都市ガスの検知器は部屋の上部にある。

教科書 p.104 問 11　質量パーセント濃度 15 ％の酢酸水溶液 200 g に含まれる酢酸は何 g か。

ポイント　水溶液の質量の 15 ％が酢酸の質量である。

解き方　$200 \text{ g}×\dfrac{15}{100}＝30 \text{ g}$

答 30 g

教科書
p.105
問 12

次の各問に答えよ。

(1) 6.0 g のグルコース $C_6H_{12}O_6$（モル質量 180 g/mol）を水に溶かして 100 mL にした水溶液のモル濃度を求めよ。

(2) 2.0 mol/L の硝酸 HNO_3 水溶液 200 mL に含まれる硝酸の質量〔g〕を求めよ。

ポイント (2) モル濃度から水溶液に含まれる硝酸の物質量を求め，それを質量に直す。

解き方 (1) 6.0 g のグルコースの物質量は，$\dfrac{6.0\,\text{g}}{180\,\text{g/mol}}=0.0333\,\text{mol}$

モル濃度＝$\dfrac{溶液の物質量}{溶液の体積}=\dfrac{0.0333\,\text{mol}}{0.100\,\text{L}}=0.33\,\text{mol/L}$

(2) 2.0 mol/L の硝酸 HNO_3 水溶液 200 mL に含まれる HNO_3 の物質量は，

物質量＝モル濃度×溶液の体積＝$2.0\,\text{mol/L}\times\dfrac{200}{1000}\,\text{L}=0.40\,\text{mol}$

HNO_3 のモル質量は，$1.0+14+16\times3=63\,\text{g/mol}$ なので，

HNO_3 0.40 mol の質量は，$63\,\text{g/mol}\times0.40\,\text{mol}=25.2\,\text{g}=25\,\text{g}$

答 (1) **0.33 mol/L** (2) **25 g**

教科書
p.106
問 13

次の各問に答えよ。

(1) 質量パーセント濃度が 98 % の濃硫酸の密度は 1.8 g/cm³ である。この濃硫酸のモル濃度は何 mol/L か。

(2) モル濃度が 0.30 mol/L の硫酸水溶液の質量パーセント濃度は何%か。ただし，水溶液の密度は 1.05 g/cm³ とする。

ポイント (1) 硫酸 1 L に含まれている硫酸の物質量を求める。

解き方 (1) 密度より，濃硫酸 1 L（＝1000 cm³）の質量は，

$1.8\,\text{g/cm}^3\times1000\,\text{cm}^3=1.8\times10^3\,\text{g}$

98 %濃硫酸の 1 L 中の硫酸の質量は，

硫酸の質量＝溶液の質量×$\dfrac{質量パーセント濃度}{100}$

$=1.8\times10^3\,\text{g}\times\dfrac{98}{100}=(18\times98)\,\text{g}$

硫酸 H_2SO_4 のモル質量は，$1.0\times2+32+16\times4=98$ g/mol なので，この濃硫酸 1 L 中の硫酸の物質量は，

$$硫酸の物質量=\frac{質量}{モル質量}=\frac{(18\times98)\ \text{g}}{98\ \text{g/mol}}$$
$$=18\ \text{mol}$$

したがって，この濃硫酸 1 L に 18 mol の硫酸が含まれるので，そのモル濃度は 18 mol/L である。

(2)　0.30 mol/L の硫酸水溶液 1 L には 0.30 mol の硫酸が溶けている。硫酸のモル質量 98 g/mol より，硫酸 0.30 mol の質量は，

98 g/mol×0.30 mol＝29.4 g

密度 1.05 g/cm³ より，この硫酸水溶液 1 L（＝1000 cm³）の質量は，

1.05 g/cm³×1000 cm³＝1.05×10³ g

よって，この硫酸水溶液の質量パーセント濃度は，

$$\frac{溶質の質量}{溶液の質量}\times100=\frac{29.4\ \text{g}}{1.05\times10^3\ \text{g}}\times100=2.8$$

答(1)　**18 mol/L**　(2)　**2.8 %**

教科書 p.107 Check　どのような濃度を用いれば溶液に溶けている粒子の個数を簡単に知ることができるだろうか。説明しよう。

解き方　モル濃度は 1 L に何個の粒子が溶けているかを表している。

答　モルは粒子の個数を表す単位なので，モル濃度を用いれば溶液に溶けている粒子の個数を知ることができる。例えば，スクロースのように電離しない物質のモル濃度 a〔mol/L〕水溶液が b〔mL〕ある場合，水溶液に含まれる粒子の個数は，6.0×10^{23}/mol×a〔mol/L〕×$\dfrac{b}{1000}$〔L〕で求められる。

教科書 p.109 問 a　ステアリン酸のヘキサン溶液 0.25 mL を水面に滴下すると，ヘキサンが蒸発して，水面にステアリン酸の単分子膜ができた。この単分子膜の面積は 330 cm²，ヘキサン溶液 0.25 mL に含まれていたステアリン酸は 2.5×10^{-7} mol であった。単分子膜中のステアリン酸 1 分子の断面積〔cm²〕を求めよ。ただし，アボガドロ定数は 6.0×10^{23}/mol とする。

ポイント　単分子膜の面積を，分子数で割ると，1分子の断面積が求められる。

解き方　ヘキサン溶液 0.25 mL に含まれていたステアリン酸の物質量が $2.5×10^{-7}$ mol より，単分子膜を形成するステアリン酸の分子数は，

分子数＝アボガドロ定数×物質量

$= 6.0×10^{23}$/mol $×2.5×10^{-7}$ mol $= 1.5×10^{17}$

単分子膜の面積が 330 cm^2 であったので，

1分子の断面積 $= \dfrac{面積}{分子数} = \dfrac{330 \text{ cm}^2}{1.5×10^{17}} = 2.2×10^{-15}$ cm^2

答 $2.2×10^{-15}$ cm^2

教科書 **p.111**　**問 14**

プロパン C_3H_8 が酸素 O_2 と反応して完全燃焼し，二酸化炭素 CO_2 と水 H_2O が生じる変化を化学反応式で表せ。

ポイント　反応式の左辺と右辺で，原子の種類と数を同じにする。

解き方　①反応物の C_3H_8 と O_2 を左辺，生成物の CO_2 と H_2O を右辺に書き，矢印で結ぶ。　　$C_3H_8 + O_2 \longrightarrow CO_2 + H_2O$

②C_3H_8 の係数を仮に1として，Cの数が両辺で等しくなるように CO_2 の係数を3とする。

$1C_3H_8 + O_2 \longrightarrow 3CO_2 + H_2O$

思考力UP↑
最も多くの種類の原子を含む化合物の係数を1とする。

③Hの数が両辺で等しくなるように H_2O の係数を4，Oの数が両辺で等しくなるように O_2 の係数を5とする。

$1C_3H_8 + 5O_2 \longrightarrow 3CO_2 + 4H_2O$

④最後に係数が最も簡単な整数の比になっていることを確認して，係数の1を省略する。

答 $C_3H_8 + 5O_2 \longrightarrow 3CO_2 + 4H_2O$

教科書 **p.111**　**問 a**

次の化学反応式の係数 $a \sim e$ を未定係数法によって求めよ。

$a\text{Cu} + b\text{HNO}_3 \longrightarrow c\text{Cu(NO}_3)_2 + d\text{H}_2\text{O} + e\text{NO}_2$

ポイント　両辺の各原子の数が等しいという方程式を立てる。

解き方　両辺で各原子の数が等しいことから，次の方程式が成り立つ。

Cu について，$a = c$　　　　　　…①

H について，$b = 2d$　　　　　　…②

N について，$b = 2c + e$　　　　…③

O について，$3b = 6c + d + 2e$　　…④

$a = c = 1$ として，各係数を求めると $b = 4$，$d = 2$，$e = 2$ となる。

答 $a = 1$，$b = 4$，$c = 1$，$d = 2$，$e = 2$

教科書 p.112

問 15

　塩化バリウム $BaCl_2$ 水溶液に硫酸ナトリウム Na_2SO_4 水溶液を加えると，硫酸バリウム $BaSO_4$ の沈殿が生じた。この変化をイオン反応式で表せ。ただし，塩化バリウム，硫酸ナトリウム，塩化ナトリウムはすべて水溶液中で電離している。

ポイント　**イオン反応式では，反応に関与しないイオンを省略する。**

解き方　①変化を化学反応式で表す。

$$BaCl_2 + Na_2SO_4 \longrightarrow BaSO_4 + 2NaCl$$

②水溶液中で電離しているイオンを化学式で表す。

$$Ba^{2+} + 2Cl^- + 2Na^+ + SO_4{}^{2-} \longrightarrow BaSO_4 + 2Na^+ + 2Cl^-$$

③反応の前後で変化せず，反応に関与しない Cl^- と Na^+ を消去する。

$$Ba^{2+} + SO_4{}^{2-} \longrightarrow BaSO_4$$

④両辺の各元素の原子の数と，両辺の電荷の総和が等しいかを確認する。

答 $Ba^{2+} + SO_4{}^{2-} \longrightarrow BaSO_4$

教科書 p.112

Check

　化学反応式，イオン反応式の書き方を整理しよう。

答 化学反応式の書き方

例　メタン CH_4 が燃焼して，二酸化炭素 CO_2 と水 H_2O ができる反応。

①反応物の化学式を左辺，生成物の化学式を右辺に書き，矢印で結ぶ。

$$\square CH_4 + \square O_2 \longrightarrow \square CO_2 + \square H_2O$$

② CH_4 の係数を 1 とし，両辺で各原子の数が等しくなるように係数をつける。

$$1CH_4 + 2O_2 \longrightarrow 1CO_2 + 2H_2O$$

③係数が最も簡単な整数の比になっているか，両辺の原子の種類と数が等しいかを確認し，係数の 1 を省略する。

$$CH_4 + 2O_2 \longrightarrow CO_2 + 2H_2O$$

イオン反応式の書き方

例　硝酸銀水溶液 $AgNO_3$ に塩化ナトリウム $NaCl$ 水溶液を加えると，塩化銀 $AgCl$ の白色沈殿を生じる反応。

①反応物の化学式を左辺に，生成物の化学式を右辺に書き，矢印で結ぶ。

$$AgNO_3 + NaCl \longrightarrow AgCl + NaNO_3$$

②水溶液中で電離しているイオンを化学式で表す。

$$Ag^+ + NO_3^- + Na^+ + Cl^- \longrightarrow AgCl + NO_3^- + Na^+$$

③反応に関与しないイオン（NO_3^- と Na^+）を消去し，左辺と右辺の電荷の総和が等しくなるように係数をつける。

$$1Ag^+ + 1Cl^- \longrightarrow 1AgCl$$

④係数が最も簡単な整数の比になっているか，両辺の原子の種類と数が等しいかを確認し，係数の 1 を省略する。

$$Ag^+ + Cl^- \longrightarrow AgCl$$

教科書 **p.116**
問 16

はかりとったマグネシウム Mg を酸素 O_2 と反応させ，生じた酸化マグネシウム MgO の質量を計測すると，次のデータが得られた。反応した Mg の物質量を横軸，O_2 の物質量を縦軸にとってグラフに示し，直線の傾きから Mg と O_2 の物質量の比を求めよ。

Mg の質量〔g〕	0.50 g	1.00 g	1.50 g	2.00 g
MgO の質量〔g〕	0.82 g	1.67 g	2.49 g	3.32 g

ポイント　**物質量は，質量をモル質量で割って求める。**

解き方　反応した酸素 O_2 の質量を，酸化マグネシウム MgO の質量からマグネシウム Mg の質量を引いて求める。

Mg の質量〔g〕	0.50 g	1.00 g	1.50 g	2.00 g
MgO の質量〔g〕	0.82 g	1.67 g	2.49 g	3.32 g
O₂ の質量〔g〕	0.32 g	0.67 g	0.99 g	1.32 g

Mg（モル質量 24 g/mol）と O_2（モル質量 32 g/mol）の物質量を求める。

Mg の物質量〔mol〕	0.0208	0.0417	0.0625	0.0833
O₂ の物質量〔mol〕	0.0100	0.0209	0.0309	0.0413

　　　反応した Mg と O_2 の物質量の関係は右のような比例のグラフになり，直線の傾きが約 0.50 であることから，物質量の比は Mg：O_2＝2：1 である。

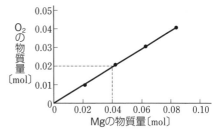

答 グラフ：右上図
　　Mg の物質量：O_2 の物質量＝**2：1**

教科書 p.117 問 17

次の化学反応式について，下の各問に答えよ。

$$2CO + O_2 \longrightarrow 2CO_2$$

(1) 4 個の CO と反応する O_2 は何個か。

(2) 100 個の CO が反応すると，CO_2 が何個生じるか。

(3) 5 mol の O_2 と反応する CO は何 mol か。

(4) 6 mol の CO_2 が生じたとき，反応した O_2 は何 mol か。

ポイント　反応式の係数の比＝構成粒子の数の比＝物質量の比

解き方　分子の数の比，物質量の比は化学反応式の係数の比と等しいので，

	2CO	+	O_2	$\longrightarrow$	$2CO_2$
(1)	4 個		2 個		4 個
(2)	100 個		50 個		100 個
(3)	10 mol		5 mol		10 mol
(4)	6 mol		3 mol		6 mol

表現力UP↑
mol は，粒子の個数の単位である。

答(1)　**2 個**　　(2)　**100 個**　　(3)　**10 mol**　　(4)　**3 mol**

教科書 p.117 問 18

同温・同圧で，1.0 L の水素 H_2 を塩素 Cl_2 と反応させたところ，気体の塩化水素 HCl が生じた。次の各問に答えよ。

$$H_2 + Cl_2 \longrightarrow 2HCl$$

(1) 1.0 L の水素とちょうど反応する塩素の体積は，同温・同圧で何 L か。

(2) この反応で生じる塩化水素の体積は，同温・同圧で何 L か。

ポイント　反応式の係数の比は，同温・同圧における気体の体積の比に等しい。

解き方　同温・同圧における，この反応における気体の体積比は，

　　　$H_2 : Cl_2 : HCl = 1 : 1 : 2$

　1.0 L の水素 H_2 が，1.0 L の塩素 Cl_2 と反応し，塩化水素 HCl が 2.0 L できる。

答(1)　**1.0 L**　　(2)　**2.0 L**

教科書 p.118　問 19　ナトリウム Na は，水 H_2O と激しく反応して水酸化ナトリウム NaOH を生じ，水素 H_2 を発生する。0.23 g のナトリウムをすべて水と反応させた。

(1)　ナトリウムと水の反応を化学反応式で表せ。
(2)　反応した水の質量は何 g か。
(3)　生じた水酸化ナトリウムは何 g か。

ポイント　　**反応式の係数の比は，各物質の物質量の比を表す。**

解き方(1)①反応物のナトリウム Na と水 H_2O を左辺に，水酸化ナトリウム NaOH と水素 H_2 を右辺に書き，矢印で結ぶ。

　　　$\blacksquare Na + \blacksquare H_2O \longrightarrow \blacksquare NaOH + \blacksquare H_2$

②仮に NaOH の係数を 1 とすると，両辺の Na，O の数が等しいことから，左辺の Na，H_2O の係数も 1 となる。

　　　$1Na + 1H_2O \longrightarrow 1NaOH + \blacksquare H_2$

③両辺の H の数が等しくなるように，H_2 の係数をつける。

　　　$1Na + 1H_2O \longrightarrow 1NaOH + \dfrac{1}{2}H_2$

④分数を整数にするため，全体を 2 倍する。

　　　$2Na + 2H_2O \longrightarrow 2NaOH + H_2$

(2)　Na のモル質量は，23 g/mol なので，Na 0.23 g の物質量は，

　　　$物質量 = \dfrac{質量}{モル質量} = \dfrac{0.23\ g}{23\ g/mol} = 0.010\ mol$

化学反応式の係数より，0.010 mol の Na と反応する水も 0.010 mol である。水のモル質量は 18 g/mol なので，水 0.010 mol の質量は，

　　　質量＝モル質量×物質量＝18 g/mol×0.010 mol＝0.18 g

(3)　化学反応式の係数から，0.010 mol の Na から生成する NaOH も 0.010 mol である。NaOH のモル質量は 23＋16＋1.0＝40 g/mol より，0.010 mol の質量は，

$40 \text{ g/mol} \times 0.010 \text{ mol} = 0.40 \text{ g}$

答(1) $2Na + 2H_2O \longrightarrow 2NaOH + H_2$ (2) **0.18 g** (3) **0.40 g**

教科書
p.118
問 20

0 ℃，1.013×10^5 Pa で 33.6 L のメタン CH_4 を完全燃焼させたところ，二酸化炭素 CO_2 と水 H_2O を生じた。

(1) メタンの完全燃焼を化学式で表せ。

(2) 反応した酸素 O_2 の物質量は何 mol か。

(3) 生じた水の質量は何 g か。

(4) 発生した二酸化炭素の体積は 0 ℃，1.013×10^5 Pa で何 L か。

ポイント

> 反応式の係数の比は，同温・同圧における気体の体積の比を表している。

解き方 (1)①反応物のメタン CH_4 と酸素 O_2 を左辺，生成物の二酸化炭素 CO_2 と水 H_2O を右辺に書き，両辺を矢印で結ぶ。

$\square CH_4 + \square O_2 \longrightarrow \square CO_2 + \square H_2O$

② CH_4 の係数を仮に 1 として，C と H の数がそれぞれ両辺で等しくなるように係数をつける。

$1CH_4 + \square O_2 \longrightarrow 1CO_2 + 2H_2O$

③両辺の O の数が等しくなるように，O_2 に係数をつける。

$1CH_4 + 2O_2 \longrightarrow 1CO_2 + 2H_2O$

④係数の 1 を省略する。

$CH_4 + 2O_2 \longrightarrow CO_2 + 2H_2O$

(2) 0 ℃，1.013×10^5 Pa におけるモル体積は 22.4 L/mol なので，33.6 L の CH_4 の物質量は，

$$物質量 = \frac{気体の体積}{モル体積} = \frac{33.6 \text{ L}}{22.4 \text{ L/mol}} = 1.50 \text{ mol}$$

化学反応式の係数の比より，反応する O_2 の物質量は CH_4 の 2 倍で，

O_2 の物質量 $= 1.50 \text{ mol} \times 2 = 3.00 \text{ mol}$

(3) 化学反応式の係数の比から，生じた H_2O の物質量は CH_4 の 2 倍で，

$1.50 \text{ mol} \times 2 = 3.00 \text{ mol}$

H_2O のモル質量は 18 g/mol なので，3.00 mol の H_2O の質量は，

$18 \text{ g/mol} \times 3.00 \text{ mol} = 54 \text{ g}$

(4) 化学反応式の CH_4 と CO_2 の係数は等しいので，生じた CO_2 の体積と反応した CH_4 の体積は等しく，33.6 L。

答(1)　$CH_4 + 2O_2 \longrightarrow CO_2 + 2H_2O$

(2)　**3.00 mol**　　(3)　**54 g**　　(4)　**33.6 L**

教科書 p.118 問 21　濃度未知の塩酸(塩化水素 HCl 水溶液)10 mL にマグネシウム Mg を加えていったところ，0.060 g で反応が終了し，それ以上マグネシウムを加えても反応しなかった。

(1) マグネシウムと塩酸の反応を化学反応式で表せ。

(2) 塩酸のモル濃度を求めよ。

ポイント　**マグネシウムと塩酸の反応では，水素が発生する。**

解き方(1) マグネシウム Mg と塩酸 HCl とが反応すると，水素 H_2 が発生し，塩化マグネシウム $MgCl_2$ が生成する。

①反応物を左辺に，生成物を右辺に書き，両辺を矢印で結ぶ。

　　$\square Mg + \square HCl \longrightarrow \square MgCl_2 + \square H_2$

② $MgCl_2$ の係数を仮に1として，それに合わせて両辺の Mg と Cl の数が等しくなるように，Mg と HCl に係数をつける。

　　$1Mg + 2HCl \longrightarrow 1MgCl_2 + \square H_2$

③両辺の H の数を等しくするために H_2 の係数を1とする。

　　$1Mg + 2HCl \longrightarrow 1MgCl_2 + 1H_2$

④係数の1を省略する。

　　$Mg + 2HCl \longrightarrow MgCl_2 + H_2$

(2) Mg のモル質量は 24 g/mol なので，0.060 g の Mg の物質量は，

$$物質量 = \frac{質量}{モル質量} = \frac{0.060 \text{ g}}{24 \text{ g/mol}} = 0.0025 \text{ mol}$$

化学反応式の係数の比より，Mg と過不足なく反応する HCl の物質量は2倍の $0.0025 \text{ mol} \times 2 = 0.0050 \text{ mol}$ である。したがって 10 mL(0.010 L)の塩酸のモル濃度は，

$$モル濃度 = \frac{溶質の物質量}{溶液の体積} = \frac{0.0050 \text{ mol}}{0.010 \text{ L}} = 0.50 \text{ mol/L}$$

答(1)　$Mg + 2HCl \longrightarrow MgCl_2 + H_2$　　(2)　**0.50 mol/L**

教科書 p.119 問 22

プロパン C_3H_8 は気体であり，その完全燃焼は，次の化学反応式で表される。

$$C_3H_8 + 5O_2 \longrightarrow 3CO_2 + 4H_2O$$

0 ℃，$1.013×10^5$ Pa で 5.6 L のプロパンと 48 g の酸素を反応させると，プロパンと酸素のどちらが残るか。また，その質量は何 g か。

ポイント

過不足のある反応では，不足する物質の量から，反応の量的関係を考える。

解き方

反応前に存在するプロパン C_3H_8（0 ℃，$1.013×10^5$ Pa における気体のモル体積 22.4 L/mol）と酸素 O_2（モル質量 32 g/mol）の物質量を求める。

$$C_3H_8 \text{ の物質量} = \frac{5.6 \text{ L}}{22.4 \text{ L/mol}} = 0.25 \text{ mol}$$

$$O_2 \text{ の物質量} = \frac{48 \text{ g}}{32 \text{ g/mol}} = 1.5 \text{ mol}$$

反応による物質量の変化は次のようになる。

化学反応式	C_3H_8	+	$5O_2$	$\longrightarrow$	$3CO_2$	+	$4H_2O$
反応前の量〔mol〕	0.25		1.5		0		0
変化した量〔mol〕	−0.25		−1.25		+0.75		+1.0
反応後の量〔mol〕	0		0.25		0.75		1.0

反応後に O_2 が 0.25 mol 残り，その質量は，O_2 のモル質量 32 g/mol より，

$$32 \text{ g/mol} × 0.25 \text{ mol} = 8.0 \text{ g}$$

答 残る気体：**酸素**　質量：**8.0 g**

教科書 p.119 問 23

同温・同圧で，3.0 L の水素 H_2 と 5.0 L の塩素 Cl_2 を反応させると，気体の塩化水素 HCl が生じた。生じた塩化水素の体積は，同温・同圧で何 L か。

ポイント

反応式の係数の比は，同温・同圧における気体の体積の比に等しい。

解き方

水素 H_2 と塩素 Cl_2 の反応は，次の化学反応式で表される。

$$H_2 + Cl_2 \longrightarrow 2HCl$$

化学反応式の係数より，H_2 と Cl_2 は，同体積ずつ反応するので，それぞれ 3.0 L が反応し，その 2 倍の 6.0 L の塩化水素 HCl が生じる。

答 6.0 L

教科書 p.121 Check　$CH_4 + 2O_2 \longrightarrow CO_2 + 2H_2O$ の反応において，CH_4 1 mol を完全に反応させたときの各物質の物質量，質量，気体の体積の関係を整理しよう。

解き方　質量は，質量＝モル質量×物質量　で求める。

モル質量は，メタン CH_4＝16 g/mol，酸素 O_2＝32 g/mol，二酸化炭素 CO_2＝44 g/mol，水 H_2O＝18 g/mol

0 ℃，$1.013×10^5$ Pa における気体 1 mol の体積は 22.4 L

化学反応式	CH_4	＋	$2O_2$	$\longrightarrow$	CO_2	＋	$2H_2O$
物質量〔mol〕	1 mol		2 mol		1 mol		2 mol
質量〔g〕	16 g		32 g×2		44 g		18 g×2
気体の体積〔L〕(0 ℃, $1.013×10^5$ Pa)	22.4 L×1		22.4 L×2		22.4 L×1		22.4 L×2

教科書 p.123 Check　各法則の内容を発見者とともに整理しよう。

法則名	発見者と発見年	内容
質量保存の法則	ラボアジエ 1774 年	反応物の質量の総和と，生成物の質量の総和は等しい。
定比例の法則	プルースト 1799 年	同じ化合物中の成分元素の質量比は，常に一定である。
倍数比例の法則	ドルトン 1803 年	2種類の元素 A，B からなる化合物が2種類以上あるとき，A の一定質量と結びつく B の質量は，化合物どうしで簡単な整数比になる。
気体反応の法則	ゲーリュサック 1808 年	気体が反応したり，生成したりする化学変化において，これらの気体の体積比は，同温，同圧のもとで，簡単な整数比になる。
アボガドロの法則	アボガドロ 1811 年	同温，同圧のもとで，同体積の気体は，気体の種類に関係なく，同数の分子を含む。

ドリルのガイド

気体の体積はすべて $0\,℃$，$1.013\times10^5\,Pa$ における値とする。

教科書 p.102〜103　物質量

❶ **物質量→個数**　次の粒子の個数を求めよ。

(1)　$0.50\,mol$ の炭素原子 C
(2)　$0.30\,mol$ の酸素分子 O_2
(3)　$1.5\,mol$ のナトリウムイオン Na^+
(4)　$4.0\,mol$ の硝酸イオン NO_3^-

解き方　個数＝アボガドロ定数〔/mol〕×物質量〔mol〕
　　　　　＝6.0×10^{23}/mol×物質量〔mol〕

(1)　6.0×10^{23}/mol×$0.50\,mol＝3.0\times10^{23}$
(2)　6.0×10^{23}/mol×$0.30\,mol＝1.8\times10^{23}$
(3)　6.0×10^{23}/mol×$1.5\,mol＝9.0\times10^{23}$
(4)　6.0×10^{23}/mol×$4.0\,mol＝2.4\times10^{24}$

答　(1)　3.0×10^{23} 個　(2)　1.8×10^{23} 個
　　　(3)　9.0×10^{23} 個　(4)　2.4×10^{24} 個

❷ **個数→物質量**　次の物質量を求めよ。

(1)　1.2×10^{24} 個の酸素原子 O
(2)　6.0×10^{22} 個の水分子 H_2O
(3)　1.5×10^{23} 個の塩化物イオン Cl^-

解き方　物質量〔mol〕＝$\dfrac{個数}{アボガドロ定数〔/mol〕}＝\dfrac{個数}{6.0\times10^{23}/mol}$

(1)　$\dfrac{1.2\times10^{24}〔個〕}{6.0\times10^{23}/mol}＝2.0\,mol$
(2)　$\dfrac{6.0\times10^{22}〔個〕}{6.0\times10^{23}/mol}＝0.10\,mol$
(3)　$\dfrac{1.5\times10^{23}〔個〕}{6.0\times10^{23}/mol}＝0.25\,mol$

答　(1)　**2.0 mol**　(2)　**0.10 mol**　(3)　**0.25 mol**

❸ **物質量→質量**　次の質量を求めよ。

(1)　$3.0\,mol$ のアルミニウム Al
(2)　$0.25\,mol$ の窒素 N_2
(3)　$0.40\,mol$ の塩化ナトリウム NaCl

解き方　質量〔g〕＝モル質量〔g/mol〕×物質量〔mol〕

(1)　$27\,g/mol×3.0\,mol＝81\,g$

ドリルのガイド　第1節

(2)　28 g/mol×0.25 mol＝7.0 g

(3)　58.5 g/mol×0.40 mol＝23.4 g＝23 g

答 (1)　**81 g**　　(2)　**7.0 g**　　(3)　**23 g**

---

❹ 質量→物質量　次の物質量を求めよ。

(1)　2.3 g のナトリウム Na　　　　(2)　1.6 g の酸素 O_2

(3)　12 g のエタン C_2H_6　　　　(4)　25 g の炭酸カルシウム $CaCO_3$

解き方　　物質量〔mol〕＝$\dfrac{質量〔g〕}{モル質量〔g/mol〕}$

(1)　$\dfrac{2.3\ g}{23\ g/mol}＝0.10\ mol$　　　　(2)　$\dfrac{1.6\ g}{32\ g/mol}＝0.050\ mol$

(3)　$\dfrac{12\ g}{30\ g/mol}＝0.40\ mol$　　　　(4)　$\dfrac{25\ g}{100\ g/mol}＝0.25\ mol$

答 (1)　**0.10 mol**　　(2)　**0.050 mol**

　　(3)　**0.40 mol**　　(4)　**0.25 mol**

---

❺ 物質量→気体の体積　次の気体の体積を求めよ。

(1)　0.25 mol の水素 H_2　　　　(2)　0.50 mol のメタン CH_4

(3)　2.0 mol の二酸化炭素 CO_2

解き方　　気体の体積〔L〕＝モル体積〔L/mol〕×物質量〔mol〕

　　　　　　　　　　　　＝22.4 L/mol×物質量〔mol〕

(1)　22.4 L/mol×0.25 mol＝5.6 L

(2)　22.4 L/mol×0.50 mol＝11.2 L＝11 L

(3)　22.4 L/mol×2.0 mol＝44.8 L＝45 L

答 (1)　**5.6 L**　　(2)　**11 L**　　(3)　**45 L**

---

❻ 気体の体積 → 物質量　次の気体の物質量を求めよ。

(1)　2.24 L の窒素 N_2　　　　(2)　5.60 L のネオン Ne

(3)　8.96 L の二酸化炭素 CO_2

解き方　　物質量〔mol〕＝$\dfrac{体積〔L〕}{モル体積〔L/mol〕}＝\dfrac{体積〔L〕}{22.4\ L/mol}$

(1)　$\dfrac{2.24\ L}{22.4\ L/mol}＝0.100\ mol$　　　　(2)　$\dfrac{5.60\ L}{22.4\ L/mol}＝0.250\ mol$

(3) $\dfrac{8.96\ L}{22.4\ L/mol}=0.400\ mol$

答 (1) **0.100 mol**　(2) **0.250 mol**　(3) **0.400 mol**

---

❼ **物質中の構成粒子の物質量**　次の各問に答えよ。

(1) 2.0 mol の窒素 N_2 に含まれる窒素原子 N は何 mol か。

(2) 0.40 mol のメタン CH_4 に含まれる炭素原子 C，水素原子 H はそれぞれ何 mol か。

(3) 0.10 mol の水酸化カルシウム $Ca(OH)_2$ に含まれるカルシウムイオン Ca^{2+}，水酸化物イオン OH^- はそれぞれ何 mol か。

(4) 0.20 mol の硫酸銅(Ⅱ)五水和物 $CuSO_4 \cdot 5H_2O$ に含まれる硫酸イオン SO_4^{2-}，水分子 H_2O はそれぞれ何 mol か。

解き方　(1)　1 mol の窒素 N_2 には窒素原子 N が 2 mol 含まれるので，2.0 mol の N_2 には，N が 2.0 mol×2=4.0 mol 含まれる。

(2)　1 mol のメタン CH_4 には炭素原子 C が 1 mol，水素原子 H が 4 mol 含まれる。0.40 mol の CH_4 には，

C 原子は 0.40 mol×1=0.40 mol

H 原子は 0.40 mol×4=1.6 mol

}含まれる。

(3)　1 mol の水酸化カルシウム $Ca(OH)_2$ には，カルシウムイオン Ca^{2+} が 1 mol，水酸化物イオン OH^- が 2 mol 含まれる。

したがって，0.10 mol の $Ca(OH)_2$ には，

Ca^{2+} は 0.10 mol×1=0.10 mol

OH^- は 0.10 mol×2=0.20 mol

}含まれる。

(4)　1 mol の硫酸銅(Ⅱ)五水和物 $CuSO_4 \cdot 5H_2O$ には，硫酸イオン SO_4^{2-} が 1 mol，水分子 H_2O が 5 mol 含まれる。

したがって，0.20 mol の $CuSO_4 \cdot 5H_2O$ には，

SO_4^{2-} は 0.20 mol×1=0.20 mol

H_2O は 0.20 mol×5=1.0 mol

}含まれる。

答 (1) **4.0 mol**　(2) **C：0.40 mol**　**H：1.6 mol**

(3) **Ca^{2+}：0.10 mol**　**OH^-：0.20 mol**

(4) **SO_4^{2-}：0.20 mol**　**H_2O：1.0 mol**

ドリルのガイド 第1節

❽ **個数⇄物質量⇄質量** 次の各問に答えよ。

(1) $6.0×10^{23}$ 個の水 H_2O は何 g か。

(2) $1.2×10^{22}$ 個の塩化ナトリウム NaCl は何 g か。

(3) 1.4 g の窒素 N_2 中に含まれる窒素分子は何個か。

(4) 11 g のドライアイス CO_2 中に含まれる二酸化炭素分子は何個か。

解き方 (1) $\dfrac{6.0×10^{23}}{6.0×10^{23}/mol}=1.0\ mol$ で，水 H_2O

のモル質量は 18 g/mol より，水 1.0 mol
の質量は 18 g である。

思考力 UP↑

個数⇄質量の問題は，個数→物質量→質量または質量→物質量→個数の 2 段階で考える。

(2) 1.2 g×10^{22} 個の塩化ナトリウム NaCl の

物質量は $\dfrac{1.2×10^{22}}{6.0×10^{23}/mol}=0.020\ mol$

で，NaCl のモル質量は 58.5 g/mol より，

$58.5\ g/mol×0.020\ mol=1.17\ g=1.2\ g$

(3) 窒素 N_2 のモル質量は 28 g/mol より，N_2 1.4 g の物質量は，

$\dfrac{1.4\ g}{28\ g/mol}=0.050\ mol$

0.050 mol の N_2 の個数は，

$6.0×10^{23}/mol×0.050\ mol=3.0×10^{22}$

(4) 二酸化炭素 CO_2 のモル質量は 44 g/mol なので，CO_2 11 g の物質量は，

$\dfrac{11g}{44\ g/mol}=0.25\ mol$。0.25 mol の CO_2 の個数は，

$6.0×10^{23}/mol×0.25\ mol=1.5×10^{23}$

答 (1) **18 g** (2) **1.2 g** (3) **$3.0×10^{22}$ 個** (4) **$1.5×10^{23}$ 個**

❾ **質量⇄物質量⇄気体の体積** 次の各問に答えよ。

(1) 8.0 g の酸素 O_2 の体積は何 L か。

(2) 6.0 g のヘリウム He の体積は何 L か。

(3) 体積 11.2 L の水素 H_2 は何 g か。

(4) 体積 67.2 L のアンモニア NH_3 は何 g か。

解き方 0℃，$1.013×10^5$ Pa における気体のモル体積は 22.4 L/mol である。

(1) 酸素 O_2 のモル質量は 32 g/mol なので，

O_2 8.0 g の物質量は，$\dfrac{8.0\ \text{g}}{32\ \text{g/mol}} = 0.25\ \text{mol}$ で，

その体積は，$22.4\ \text{L/mol} \times 0.25\ \text{mol} = 5.6\ \text{L}$

(2) ヘリウム He のモル質量は 4.0 g/mol なので，

He 6.0 g の物質量は，$\dfrac{6.0\ \text{g}}{4.0\ \text{g/mol}} = 1.5\ \text{mol}$

で，その体積は，

$22.4\ \text{L/mol} \times 1.5\ \text{mol} = 33.6\ \text{L} = 34\ \text{L}$

(3) 11.2 L の水素 H_2 の物質量は，$\dfrac{11.2\ \text{L}}{22.4\ \text{L/mol}} = 0.500\ \text{mol}$ で，

H_2 のモル質量は 2.0 g/mol より，H_2 0.500 mol の質量は，

$2.0\ \text{g/mol} \times 0.500\ \text{mol} = 1.0\ \text{g}$

(4) 67.2 L のアンモニア NH_3 の物質量は，$\dfrac{67.2\ \text{L}}{22.4\ \text{L/mol}} = 3.00\ \text{mol}$ で，

NH_3 のモル質量は 17 g/mol より，NH_3 3.00 mol の質量は，

$17\ \text{g/mol} \times 3.00\ \text{mol} = 51\ \text{g}$

答 (1)　**5.6 L**　　(2)　**34 L**　　(3)　**1.0 g**　　(4)　**51 g**

> **思考力UP↑**
> 質量⇄体積の問題は，質量→物質量→体積，または体積→物質量→質量の 2 段階で考える。

---

⑩ 個数⇄物質量⇄気体の体積　次の各問に答えよ。

(1)　1.5×10^{24} 個の酸素 O_2 の体積は何 L か。

(2)　4.8×10^{23} 個のアルゴン Ar の体積は何 L か。

(3)　体積 33.6 L の窒素 N_2 に含まれる窒素分子は何個か。

(4)　体積 22.4 L のアンモニア NH_3 に含まれるアンモニア分子は何個か。

解き方　0 ℃，1.013×10^5 Pa における気体のモル体積は 22.4 L/mol である。

(1)　1.5×10^{24} 個の酸素 O_2 の物質量は，

$\dfrac{1.5 \times 10^{24}}{6.0 \times 10^{23}\text{/mol}} = 2.5\ \text{mol}$ で，

その体積は，$22.4\ \text{L/mol} \times 2.5\ \text{mol} = 56\ \text{L}$

(2)　4.8×10^{23} 個のアルゴン Ar の物質量は，

$\dfrac{4.8 \times 10^{23}}{6.0 \times 10^{23}\text{/mol}} = 0.80\ \text{mol}$ で，

その体積は，$22.4\ \text{L/mol} \times 0.80\ \text{mol} = 17.92\ \text{L} = 18\ \text{L}$

> **思考力UP↑**
> 個数⇄体積の問題は，個数→物質量→体積，または体積→物質量→個数の 2 段階で考える。

ドリルのガイド 第1節

(3) 33.6 L の窒素 N_2 の物質量は，$\dfrac{33.6\ \text{L}}{22.4\ \text{L/mol}}=1.50\ \text{mol}$ で，そこに含まれる N_2 の個数は，$6.0\times10^{23}/\text{mol}\times1.50\ \text{mol}=9.0\times10^{23}$

(4) 22.4 L のアンモニア NH_3 の物質量は，$\dfrac{22.4\ \text{L}}{22.4\ \text{L/mol}}=1.00\ \text{mol}$ で，1.00 mol の中には，6.0×10^{23} 個の NH_3 が含まれる。

答 (1) **56 L** (2) **18 L** (3) **9.0×10^{23} 個** (4) **6.0×10^{23} 個**

⓫気体の密度（質量，気体の体積） 次の各問に答えよ。

(1) ネオン Ne の密度は何 g/L か。

(2) 密度 1.25 g/L の気体の分子量を求めよ。

解き方 (1) ネオン Ne のモル質量は 20 g/mol で，0 ℃，1.013×10^5 Pa における気体のモル体積は 22.4 L/mol である。

したがって密度は，$\dfrac{20\ \text{g}}{22.4\ \text{L}}=0.893\ \text{g/L}=0.89\ \text{g/L}$

(2) 1 L あたりの質量が 1.25 g なので，この気体のモル質量は，

1.25 g/L×22.4 L/mol＝28.0 g/mol となり，この気体の分子量は 28.0

答 (1) **0.89 g/L** (2) **28.0**

⓬物質量，個数，質量，気体の体積 次の表の空欄に適切な数値を入れよ。

物質・イオン	分子量・式量	物質量	構成粒子の数	質量	気体の体積
鉄 Fe	(ア)	0.50 mol	(イ) 個	(ウ) g	——
塩化ナトリウム NaCl	(エ)	(オ) mol	Na^+ (カ) 個 Cl^- (キ) 個	5.85 g	——
アンモニア NH_3	(ク)	(ケ) mol	(コ) 個	1.7 g	(サ) L
二酸化炭素 CO_2	(シ)	(ス) mol	(セ) 個	(ソ) g	5.6 L

解き方 鉄 Fe：式量は 56 (ア)で，0.50 mol には $6.0\times10^{23}/\text{mol}\times0.50\ \text{mol}=3.0\times10^{23}$ (イ)個の原子が含まれ，0.50 mol の質量は 56 g/mol×0.50 mol＝28 (ウ)g である。

塩化ナトリウム NaCl：式量は Na＋Cl＝23＋35.5＝58.5 (エ)である。質量 5.85 g の NaCl の物質量は，$\dfrac{5.85\ \text{g}}{58.5\ \text{g/mol}}=0.100$ (オ)mol で，NaCl 0.100 mol 中には Na^+，Cl^- ともに 0.100 mol 含まれ，その個数は

6.0×10^{22} (カ)，(キ) 個である。

アンモニア NH_3：分子量が $14 + 1.0 \times 3 = 17$ (ク) より，モル質量が 17

g/mol なので，質量 1.7 g の NH_3 の物質量は，$\dfrac{1.7\,g}{17\,g/mol} = 0.10$ (ケ) mol

で，その中に分子が $6.0 \times 10^{22}/mol \times 0.10\,mol = 6.0 \times 10^{22}$ (コ) 個 含まれ，

0 ℃，1.013×10^5 Pa における気体 0.10 mol の体積は，

$22.4\,L/mol \times 0.10\,mol = 2.24\,L = 2.2$ (サ) L

二酸化炭素 CO_2：分子量は $12 + 16 \times 2 = 44$ (シ)，CO_2 5.6 L の物質量は，

$\dfrac{5.6\,L}{22.4\,L/mol} = 0.25$ (ス) mol なので，0 ℃，1.013×10^5 Pa において CO_2

5.6 L 中に含まれる分子の個数は $6.0 \times 10^{23}/mol \times 0.25\,mol = 1.5 \times 10^{23}$

(セ) 個 で，質量は $44\,g/mol \times 0.25\,mol = 11$ (ソ) g

答 (ア) **56**　(イ) $\mathbf{3.0 \times 10^{23}}$　(ウ) **28**　(エ) **58.5**　(オ) **0.100**

(カ) $\mathbf{6.0 \times 10^{22}}$　(キ) $\mathbf{6.0 \times 10^{22}}$　(ク) **17**　(ケ) **0.10**

(コ) $\mathbf{6.0 \times 10^{22}}$　(サ) **2.2**　(シ) **44**　(ス) **0.25**　(セ) $\mathbf{1.5 \times 10^{23}}$

(ソ) **11**

教科書
p.113　**化学反応式とイオン反応式**

❶化学反応式のつくり方　次の文中の（　）に適切な数字を入れて，メタノール CH_4O の完全燃焼を表す化学反応式を完成せよ。

$$\boxed{ア}\,CH_4O + \boxed{イ}\,O_2 \longrightarrow \boxed{ウ}\,CO_2 + \boxed{エ}\,H_2O$$

(1)　CH_4O の係数 $\boxed{ア}$ を仮に 1 として，C の数を両辺で合わせると，$\boxed{ウ}$ は
（　）となる。

(2)　次に，H の数を両辺で合わせると，$\boxed{エ}$ は（　）となる。

(3)　O の数を両辺で合わせると，$\boxed{イ}$ は（　）となる。

(4)　全体を（　）倍して，係数を最も簡単な整数比にする。

解き方　(1)　左辺の C の数は 1 個なので，右辺も 1 個で，$\boxed{ウ}$ は 1 となる。

(2)　左辺の H の数が 4 個なので，$\boxed{エ}$ は 2 となる。

(3)　$1CH_4O + \boxed{イ}\,O_2 \longrightarrow 1CO_2 + 2H_2O$

右辺の O の数の合計は 4 個なので，左辺も 4 個にする。CH_4O に 1

個含まれているので，$\boxed{イ}$ は $\dfrac{3}{2}$ となる。

ドリルのガイド

第1節

(4)　全体を2倍して，分数を整数にする。

$$2CH_4O + 3O_2 \longrightarrow 2CO_2 + 4H_2O$$

答 (1)　**1**　　(2)　**2**　　(3)　$\dfrac{3}{2}$　　(4)　**2**

---

❷ 化学反応式の係数　係数を補い，次の化学反応式を完成せよ。ただし，係数が1の場合は1と記せ。

(1)　(　　)O_2 $\longrightarrow$ (　　)O_3　　(2)　(　　)Al + (　　)O_2 $\longrightarrow$ (　　)Al_2O_3

(3)　(　　)Fe + (　　)HCl $\longrightarrow$ (　　)$FeCl_2$ + (　　)H_2

(4)　(　　)C_2H_2 + (　　)O_2 $\longrightarrow$ (　　)CO_2 + (　　)H_2O

(5)　(　　)NH_3 + (　　)O_2 $\longrightarrow$ (　　)NO + (　　)H_2O

解き方 (1)　左辺と右辺の酸素原子の数は，2と3の最小公倍数になるので6個である。$3O_2 \longrightarrow 2O_3$

(2)　Al を取ると(1)と同じ式になるので，(1)と同様に，O_2 の係数を3，Al_2O_3 の係数を2とすると，$4Al + 3O_2 \longrightarrow 2Al_2O_3$

(3)　$FeCl_2$ の係数を仮に1とし，両辺の Fe と Cl の数を等しくすると，左辺の Fe の係数は1，HCl の係数は2になる。さらに，両辺の H の数を合わせると，$1Fe + 2HCl \longrightarrow 1FeCl_2 + 1H_2$

(4)　C_2H_2 の係数を仮に1とし，C，H，O の順に両辺の原子の数を等しくしていくと $1C_2H_2 + \dfrac{5}{2}O_2 \longrightarrow 2CO_2 + 1H_2O$ となる。分数を整数にするために，全体を2倍する。

(5)　両辺の H の数を等しくするため，仮に NH_3 の係数を2，H_2O の係数を3とすると，両辺で N の数を等しくするため，NO の係数も2となる。右辺の O の数が5なので，左辺も5にすると，

$$2NH_3 + \dfrac{5}{2}O_2 \longrightarrow 2NO + 3H_2O$$ となるので，全体を2倍する。

答 (1)　(　3　)O_2 $\longrightarrow$ (　2　)O_3

(2)　(　4　)Al + (　3　)O_2 $\longrightarrow$ (　2　)Al_2O_3

(3)　(　1　)Fe + (　2　)HCl $\longrightarrow$ (　1　)$FeCl_2$ + (　1　)H_2

(4)　(　2　)C_2H_2 + (　5　)O_2 $\longrightarrow$ (　4　)CO_2 + (　2　)H_2O

(5)　(　4　)NH_3 + (　5　)O_2 $\longrightarrow$ (　4　)NO + (　6　)H_2O

❸ **化学反応式**　次の各変化を化学反応式で表せ。

(1)　酸化銀 Ag_2O を加熱すると，銀 Ag と酸素 O_2 に分解した。

(2)　亜鉛 Zn に希硫酸 H_2SO_4 を加えると，硫酸亜鉛 $ZnSO_4$ と水素 H_2 が生じた。

(3)　ブタン C_4H_{10} を完全燃焼(酸素 O_2 との反応)させると，二酸化炭素 CO_2 と水 H_2O が生じた。

(4)　エタノール C_2H_6O を完全燃焼させると，二酸化炭素 CO_2 と水 H_2O が生じた。

(5)　硫酸 H_2SO_4 と水酸化ナトリウム $NaOH$ が反応し，硫酸ナトリウム Na_2SO_4 と水 H_2O が生じた。

(6)　触媒に四酸化三鉄 Fe_3O_4 を用いて窒素 N_2 と水素 H_2 を反応させると，アンモニア NH_3 が生じた。

解き方 (1)①左辺に反応物の酸化銀 Ag_2O，右辺に生成物の銀 Ag と酸素 O_2 を書き，両辺を矢印で結ぶ。　$Ag_2O \longrightarrow Ag + O_2$

②Ag_2O の係数を仮に 1 とおき，両辺の Ag，O の数が等しくなるように係数をつけると，$1Ag_2O \longrightarrow 2Ag + \dfrac{1}{2}O_2$ となる。

③全体を 2 倍し，係数の 1 を省略すると，$2Ag_2O \longrightarrow 4Ag + O_2$

(2)①左辺に反応物の亜鉛 Zn と硫酸 H_2SO_4，右辺に生成物の硫酸亜鉛 $ZnSO_4$ と水素 H_2 を書き，矢印で結び，$ZnSO_4$ の係数を仮に 1 とする。
$Zn + H_2SO_4 \longrightarrow 1ZnSO_4 + H_2$

②両辺で，Zn，H，S，O の数が等しいので，係数はすべて 1 でよい。
$Zn + H_2SO_4 \longrightarrow ZnSO_4 + H_2$

(3)①左辺に反応物のブタン C_4H_{10} と酸素 O_2，右辺に生成物の二酸化炭素 CO_2 と水 H_2O を書いて，矢印で結び，C_4H_{10} の係数を仮に 1 とする。
$1C_4H_{10} + O_2 \longrightarrow CO_2 + H_2O$

②両辺で C と H の数が等しくなるように CO_2 の係数を 4，H_2O の係数を 5 とすると，右辺の O の数の合計が 13 なので，左辺の O_2 の係数を $\dfrac{13}{2}$ とする。　$1C_4H_{10} + \dfrac{13}{2}O_2 \longrightarrow 4CO_2 + 5H_2O$

③全体を 2 倍して，$2C_4H_{10} + 13O_2 \longrightarrow 8CO_2 + 10H_2O$

(4)①燃焼は酸化なので，左辺に反応物のエタノール C_2H_6O と酸素 O_2，右辺に生成物の二酸化炭素 CO_2 と水 H_2O を書き，両辺を矢印で結び，C_2H_6O の係数を仮に 1 とする。　$1C_2H_6O + O_2 \longrightarrow CO_2 + H_2O$

②両辺のCとHが等しくなるように CO_2 の係数を2，H_2O の係数を3
とする。　　$1C_2H_6O + \blacksquare O_2 \longrightarrow 2CO_2 + 3H_2O$

③右辺でOは7個あり，左辺では C_2H_6O に1個含まれているので，O_2
の係数は3である。　　$C_2H_6O + 3O_2 \longrightarrow 2CO_2 + 3H_2O$

(5)①左辺に反応物の硫酸 H_2SO_4 と水酸化ナトリウム NaOH，右辺に生成
物の硫酸ナトリウム Na_2SO_4 と水 H_2O を書き，両辺を矢印で結ぶ。

$\blacksquare H_2SO_4 + \blacksquare NaOH \longrightarrow \blacksquare Na_2SO_4 + \blacksquare H_2O$

② H_2SO_4 と Na_2SO_4 の係数を仮に1として，両辺のSの数を等しくす
る。右辺の Na の数が2，左辺の Na の数が1なので，NaOH の係数
は2とする。　　$1H_2SO_4 + 2NaOH \longrightarrow 1Na_2SO_4 + \blacksquare H_2O$

③左辺のHの数は4なので，H_2O の係数は2である。

$H_2SO_4 + 2NaOH \longrightarrow Na_2SO_4 + 2H_2O$

(6)　触媒は反応の前後で変化しないので，化学反応式には書かない。

①左辺に反応物の窒素 N_2 と水素 H_2，右辺に
生成物のアンモニア NH_3 を書き，矢印で
両辺を結ぶ。　　$\blacksquare N_2 + \blacksquare H_2 \longrightarrow \blacksquare NH_3$

②両辺のNの数が等しくなるように，仮に
N_2 の係数を1，NH_3 の係数を2とする。

$1N_2 + \blacksquare H_2 \longrightarrow 2NH_3$

もっと詳しく
触媒は，反応の前後
で変化しないが反応
を促進するはたらき
をもつ物質。

③右辺のHの数が6なので，左辺の H_2 の係数を3とする。

$N_2 + 3H_2 \longrightarrow 2NH_3$

答 (1)　$2Ag_2O \longrightarrow 4Ag + O_2$　　　(2)　$Zn + H_2SO_4 \longrightarrow ZnSO_4 + H_2$

(3)　$2C_4H_{10} + 13O_2 \longrightarrow 8CO_2 + 10H_2O$

(4)　$C_2H_6O + 3O_2 \longrightarrow 2CO_2 + 3H_2O$

(5)　$H_2SO_4 + 2NaOH \longrightarrow Na_2SO_4 + 2H_2O$

(6)　$N_2 + 3H_2 \longrightarrow 2NH_3$

---

❹イオン反応式の係数　係数を補って，次のイオン反応式を完成せよ。ただし，
係数が1の場合は1と記せ。

(1)　(　　)Ag^+ + (　　)S^{2-} $\longrightarrow$ (　　)Ag_2S

(2)　(　　)Br^- + (　　)Cl_2 $\longrightarrow$ (　　)Br_2 + (　　)Cl^-

(3)　(　　)Al + (　　)H^+ $\longrightarrow$ (　　)Al^{3+} + (　　)H_2

(4)　(　　)Fe^{3+} + (　　)Sn^{2+} $\longrightarrow$ (　　)Fe^{2+} + (　　)Sn^{4+}

解き方 (1) 両辺の Ag と S の原子の数を等しくし，左辺の電荷の総和が 0 になるようように係数をつける。

$$2Ag^+ + 1S^{2-} \longrightarrow 1Ag_2S$$

(2) 両辺の Br と Cl の原子の数が等しくなるように係数をつける。

$$2Br^- + 1Cl_2 \longrightarrow 1Br_2 + 2Cl^-$$

となり，両辺の電荷の総和も等しい。

(3)① 両辺の電荷を等しくするために H^+ の係数を 3，Al^{3+} の係数を 1 とし，原子の数もそれに合わせて両辺ともに H が 3，Al が 1 になるようにすると，$Al + 3H^+ \longrightarrow 1Al^{3+} + \dfrac{3}{2}H_2$

② 分数があるので，全体を 2 倍して，

$$2Al + 6H^+ \longrightarrow 2Al^{3+} + 3H_2$$

(4) 両辺の Fe と Sn の原子の数を等しくするために，次のように係数をつける。

$$aFe^{3+} + bSn^{2+} \longrightarrow aFe^{2+} + bSn^{4+}$$

両辺の電荷の総和は等しいから，$3a+2b=2a+4b$ が成り立つ。これを解いて $a=2b$ となるので，$a=2$，$b=1$ と最も簡単な整数にする。

$$2Fe^{3+} + 1Sn^{2+} \longrightarrow 2Fe^{2+} + 1Sn^{4+}$$

答 (1) (2)Ag^+ + (1)S^{2-} $\longrightarrow$ (1)Ag_2S

(2) (2)Br^- + (1)Cl_2 $\longrightarrow$ (1)Br_2 + (2)Cl^-

(3) (2)Al + (6)H^+ $\longrightarrow$ (2)Al^{3+} + (3)H_2

(4) (2)Fe^{3+} + (1)Sn^{2+} $\longrightarrow$ (2)Fe^{2+} + (1)Sn^{4+}

---

❺ イオン反応式　次の各変化を，反応に関与しないイオンを省略してイオン反応式で表せ。

(1) 水酸化バリウム $Ba(OH)_2$ 水溶液に硫酸ナトリウム Na_2SO_4 水溶液を加えると，硫酸バリウム $BaSO_4$ が沈殿した。

(2) 亜鉛 Zn を硫酸銅(Ⅱ)$CuSO_4$ 水溶液に浸すと，亜鉛イオン Zn^{2+} と銅 Cu が生じた。

(3) 硝酸鉛(Ⅱ)$Pb(NO_3)_2$ 水溶液に塩酸(塩化水素 HCl の水溶液)を加えると，塩化鉛(Ⅱ)$PbCl_2$ が沈殿した。

解き方 (1)①反応を化学反応式で表す。

$$Ba(OH)_2 + Na_2SO_4 \longrightarrow BaSO_4 + 2NaOH$$

②水溶液中で電離しているイオンを化学式で表す。

$$Ba^{2+} + 2OH^- + 2Na^+ + SO_4^{2-} \longrightarrow BaSO_4 + 2Na^+ + 2OH^-$$

③反応の前後で変化せず，$BaSO_4$ を生成する反応に関与しない $2OH^-$ と $2Na^+$ を消去する。

$$Ba^{2+} + SO_4^{2-} \longrightarrow BaSO_4$$

④両辺の原子の数と，電荷の総和が等しいことを確認する。

(2)①反応物を左辺に，生成物を右辺に書いて，両辺を矢印で結ぶ。

$$\blacksquare Zn + \blacksquare CuSO_4 \longrightarrow \blacksquare Zn^{2+} + \blacksquare Cu + \blacksquare SO_4^{2-}$$

②水溶液中で電離しているイオンを化学式で表す。

$$\blacksquare Zn + \blacksquare Cu^{2+} + \blacksquare SO_4^{2-} \longrightarrow \blacksquare Zn^{2+} + \blacksquare Cu + \blacksquare SO_4^{2-}$$

③反応に関与しない SO_4^{2-} を省略する。

$$\blacksquare Zn + \blacksquare Cu^{2+} \longrightarrow \blacksquare Zn^{2+} + \blacksquare Cu$$

④両辺の電荷の総和が等しくなるように係数をつける。

$$\blacksquare Zn + 1Cu^{2+} \longrightarrow 1Zn^{2+} + \blacksquare Cu$$

⑤両辺の Cu と Zn の数が等しくなるように係数をつける。

$$1Zn + 1Cu^{2+} \longrightarrow 1Zn^{2+} + 1Cu$$

⑥1を省略する。

$$Zn + Cu^{2+} \longrightarrow Zn^{2+} + Cu$$

(3)①反応を化学反応式で表す。

$$Pb(NO_3)_2 + 2HCl \longrightarrow PbCl_2 + 2HNO_3$$

②水溶液中で電離しているイオンを化学式で表す。

$$Pb^{2+} + 2NO_3^- + 2H^+ + 2Cl^- \longrightarrow PbCl_2 + 2H^+ + 2NO_3^-$$

③反応の前後で変化せず，反応に関与しない $2NO_3^-$，$2H^+$ を省略する。

$$Pb^{2+} + 2Cl^- \longrightarrow PbCl_2$$

④両辺の各原子の種類と数，電荷の総和が等しいことを確認する。

答 (1)　$Ba^{2+} + SO_4^{2-} \longrightarrow BaSO_4$

(2)　$Zn + Cu^{2+} \longrightarrow Zn^{2+} + Cu$

(3)　$Pb^{2+} + 2Cl^- \longrightarrow PbCl_2$

節末問題のガイド

教科書 **p.126〜127**

気体の体積はすべて 0 ℃，1.013×10⁵ Pa における値とする。

❶ アルミニウム原子の相対質量

関連：教科書 **p.90**

1 個の炭素原子 ^{12}C の質量は 2.0×10^{-23} g であり，1 個のアルミニウム原子 Al の質量は 4.5×10^{-23} g であった。Al の相対質量はいくらになるか。

ポイント　原子の質量は，^{12}C の質量を **12** とし，これを規準とした相対質量で表す。

解き方　　Al の相対質量 $= 12 \times \dfrac{\text{Al の質量}}{^{12}C \text{ の相対質量}} = 12 \times \dfrac{4.5 \times 10^{-23} \text{ g}}{2.0 \times 10^{-23} \text{ g}} = 27$

答 27

❷ 銀原子の天然存在比

関連：教科書 **p.91**

天然に存在する銀は ^{107}Ag と ^{109}Ag からなり，銀の原子量は 107.9 である。銀原子の相対質量は質量数に等しいものとして，^{107}Ag の存在比〔%〕を整数値で求めよ。

ポイント　銀の原子量は，（同位体の相対質量）×（存在比）の総和になる。

解き方　　銀の原子量は，（^{107}Ag の相対質量×その存在比）＋（^{109}Ag の相対質量×その存在比）で求められる。^{107}Ag の存在比を x〔%〕とすると，^{109}Ag の存在比は $(100-x)$〔%〕である。したがって，

$$\text{銀の原子量} = 107 \times \frac{x}{100} + 109 \times \frac{100-x}{100} = 107.9 \qquad x = 55 \text{〔%〕}$$

答 55 %

❸ 物質量

関連：教科書 **p.94〜97**

グルコース $C_6H_{12}O_6$ が 45 g ある。次の各問に答えよ。
(1) このグルコースの物質量は何 mol か。
(2) このグルコースに含まれる炭素原子 C の物質量は何 mol か。
(3) このグルコースに含まれる酸素原子 O の質量は何 g か。

ポイント　まず，C，H，O の原子量から，モル質量を求める。

解き方 (1)　原子量より，グルコース $C_6H_{12}O_6$ のモル質量は，

$12 \times 6 + 1.0 \times 12 + 16 \times 6 = 180$ g/mol　したがって，グルコース 45 g の物質量は，

$$\frac{質量〔g〕}{モル質量〔g/mol〕} = \frac{45 \text{ g}}{180 \text{ g/mol}} = 0.25 \text{ mol}$$

(2)　1分子の $C_6H_{12}O_6$ には 6 個の炭素原子 C が含まれる。したがって，1 mol の $C_6H_{12}O_6$ には 6 mol の C が含まれ，0.25 mol では，

0.25 mol×6＝1.5 mol　含まれる。

(3)　1分子の $C_6H_{12}O_6$ には 6 個の酸素原子 O が含まれるので，C と同様に 0.25 mol には，1.5 mol 含まれる。O のモル質量は 16 g/mol なので，その質量は，16 g/mol×1.5 mol＝24 g

答 (1)　**0.25 mol**　　(2)　**1.5 mol**　　(3)　**24 g**

---

❹ 物質量

関連：教科書 p.94～100

次の(1)～(4)を，物質量の大きいものから順に並べよ。

(1)　11.2 L の酸素 O_2

(2)　6.0×10^{23} 個の水素分子 H_2

(3)　69 g のエタノール C_2H_6O

(4)　1 mol の水 H_2O に含まれる水素原子 H

ポイント　それぞれの物質量を求めてから，大きさを比べる。

解き方 (1)　0 ℃，1.013×10^5 Pa における気体のモル体積は 22.4 L/mol なので，11.2 L の酸素 O_2 は，

$$\frac{11.2 \text{ L}}{22.4 \text{ L/mol}} = 0.500 \text{ mol}$$

(2)　アボガドロ定数 $N_A = 6.0 \times 10^{23}$/mol より，6.0×10^{23} 個の水素分子 H_2 は，$\dfrac{6.0 \times 10^{23}}{6.0 \times 10^{23}/\text{mol}} = 1.0 \text{ mol}$

(3)　C_2H_6O のモル質量は，$12 \times 2 + 1.0 \times 6 + 16 = 46$ g/mol

69 g の C_2H_6O の物質量は，$\dfrac{69 \text{ g}}{46 \text{ g/mol}} = 1.5 \text{ mol}$

(4)　水分子 H_2O 1 個に水素原子 H が 2 個含まれるので，1 mol の H_2O には 2 mol の水素原子 H が含まれる。

答 (4)＞(3)＞(2)＞(1)

❺ 金属の原子量

関連：教科書 p.96～97，110～111，114～116

次の各問に有効数字 2 桁で答えよ。

(1)　18.0 g の金属 X を燃焼させたところ，酸化物 X_2O_3 が 34.0 g 得られた。この金属 X の原子量はいくらか。

(2)　ある金属 Y の塩化物は，組成式 $YCl_2 \cdot 2H_2O$ の水和物をつくる。この水和物 147 mg を加熱して完全に無水物 YCl_2 にしたところ，質量は 111 mg になった。この金属 Y の原子量はいくらか。

ポイント　物質量 = $\dfrac{質量〔g〕}{モル質量〔g/mol〕}$ を使って，方程式を立てる。

解き方　(1)　金属 X の燃焼を化学反応式で表すと，$4X + 3O_2 \longrightarrow 2X_2O_3$ となり，係数から，X 2 mol から X_2O_3 が 1 mol できることがわかる。したがって，

　　　　X 18.0 g の物質量：X_2O_3 34.0 g の物質量＝2：1　より，

　　　　X 18.0 g の物質量＝X_2O_3 34.0 g の物質量×2　　…①

金属 X の原子量を M とすると，X のモル質量は M〔g/mol〕，X_2O_3 のモル質量は $2M + 16 \times 3 = 2M + 48$〔g/mol〕

これを使って①式を表すと，

$$\frac{18.0 \text{ g}}{M〔g/mol〕} = \frac{34.0 \text{ g}}{2M + 48〔g/mol〕} \times 2 \qquad これを解いて，M = 27$$

(2)　金属 Y の水和物 $YCl_2 \cdot 2H_2O$ が無水物になるときは，

　　　　YCl_2 の物質量：失う水の物質量＝1：2　　…②

である。147 mg の $YCl_2 \cdot 2H_2O$ を加熱し，111 mg の YCl_2 になったとき，147 − 111 ＝ 36 mg （0.036 g）の水を失った。

水のモル質量が 18 g/mol より，失った水の物質量は，

$$失った水 36 \text{ mg の物質量} = \frac{0.036 \text{ g}}{18 \text{ g/mol}} = 0.0020 \text{ mol}$$

したがって，②より，111 mg の YCl_2 の物質量は 0.0010 mol なので，1000 倍して，YCl_2 のモル質量は 111 g/mol である。一方，Y の原子量を M とすると，Y のモル質量は M〔g/mol〕，YCl_2 のモル質量は $M + 35.5 \times 2 = M + 71$〔g/mol〕と表されるので，

　　　　$M + 71$〔g/mol〕＝ 111 g/mol　　$M = 40$

答　(1)　**27**　　(2)　**40**

❻ 気体の密度と分子量

関連：教科書 p.100〜101

　ある気体の密度は，0 ℃，$1.013×10^5$ Pa で 1.43 g/L であった。この気体は，次の(ア)〜(エ)のどれか。

(ア)　窒素 N_2　　(イ)　メタン CH_4　　(ウ)　酸素 O_2　　(エ)　二酸化炭素 CO_2

ポイント 密度から，22.4 L の気体の質量を求めると，分子量がわかる。

解き方 　0 ℃，$1.013×10^5$ Pa で 1.43 g/L より，この気体 22.4 L の質量，つまり 1 mol の質量は，1.43 g/L×22.4 L＝32.03 g＝32.0 g で，この気体の分子量は 32.0 である。

分子量は，(ア)　N_2 は 28，(イ)　CH_4 は 16，(ウ)　O_2 は 32，(エ)　CO_2 は 44 である。

思考力UP↑

標準状態の気体の問題では，モル体積が 22.4 L/mol であることを利用しよう。

答 (ウ)

❼ 質量パーセント濃度とモル濃度

関連：教科書 p.104〜106

　質量パーセント濃度が 36.5 ％の濃塩酸(塩化水素 HCl の水溶液)があり，その密度は 1.20 g/cm³ であった。次の各問に答えよ。

(1)　この濃塩酸のモル濃度はいくらか。

(2)　3.00 mol/L の塩酸 100 mL を調製するためには，この濃塩酸が何 mL 必要か。

ポイント モル濃度は，濃塩酸 1 L 中の HCl の物質量を求めればよい。

解き方 (1)　36.5 ％の濃塩酸 1 L（＝1000 cm³）の質量は，

$$1.20 \text{ g/cm}^3×1000 \text{ cm}^3＝1.20×10^3 \text{ g}$$

この 36.5 ％が塩化水素 HCl の質量であることより，

$$濃塩酸 1 L 中の HCl の質量＝1.20×10^3×\frac{36.5}{100} \text{ g}＝12.0×36.5 \text{ g}$$

HCl のモル質量が 36.5 g/mol より，濃塩酸 1 L 中の HCl の物質量は，

$$HCl の物質量＝\frac{12.0×36.5 \text{ g}}{36.5 \text{ g/mol}}＝12.0 \text{ mol}$$

したがって，濃塩酸のモル濃度は 12.0 mol/L である。

(2)　12.0 mol/L の濃塩酸が x [mL] 必要であるとすると，その中に含まれる HCl の物質量は，3.00 mol/L の塩酸 100 mL に含まれる HCl の物質量に等しい。

$$3.00 \text{ mol/L} \times \frac{100}{1000} \text{L} = 12.0 \text{ mol/L} \times \frac{x}{1000} \text{L} \quad x = 25.0 \text{ mL}$$

答　(1)　**12.0 mol/L**　　(2)　**25.0 mL**

【論術問題】

❽ 水溶液の調製
関連：教科書 p.105

0.100 mol/L の塩化ナトリウム NaCl 水溶液を，100 mL メスフラスコを用いて調製する手順を述べよ。

100mL

ポイント　まず，**0.100 mol/L の NaCl 水溶液 100 mL をつくるのに必要な NaCl の物質量を求める。**

解き方　0.100 mol/L の塩化ナトリウム NaCl 水溶液 100 mL に含まれる NaCl の物質量は，0.100 mol/L $\times \dfrac{100}{1000}$L = 0.0100 mol　である。

NaCl のモル質量は 58.5 g/mol なので，必要な NaCl の質量は，
　　58.5 g/mol × 0.0100 mol = 0.585 g

答　**0.585 g の塩化ナトリウムをビーカーに入れ，約 50 mL の蒸留水に溶かす。これを 100 mL メスフラスコに移す。このとき，ビーカーの洗液もメスフラスコに移す。メスフラスコの標線まで蒸留水を加えて，よく振り混ぜる。**

❾ ブタンの燃焼と量的関係
関連：教科書 p.117

ライターの燃料などに利用されるブタン C_4H_{10} 2.90 g を完全に燃焼させた。この反応式は，次のように表される。各問に答えよ。

$$2C_4H_{10} + 13O_2 \longrightarrow 8CO_2 + 10H_2O$$

(1)　生じる二酸化炭素の体積は何 L か。　　(2)　生じる水の質量は何 g か。

ポイント　**化学反応式の係数の比は，各物質の物質量の比と等しく，気体の反応では同温・同圧における気体の体積の比に等しい。**

解き方 ▷ ブタン C_4H_{10} のモル質量は $12×4+1.0×10=58$ g/mol なので，ブタン 2.90 g の物質量は $\dfrac{2.90\ \text{g}}{58\ \text{g/mol}}=0.050$ mol である。化学反応式の係数の比から，ブタン 0.050 mol から生じる CO_2 と H_2O の物質量は，

CO_2：ブタンの物質量の 4 倍で，0.050 mol×4＝0.20 mol

H_2O：ブタンの物質量の 5 倍で，0.050 mol×5＝0.25 mol

(1) 0 ℃，$1.013×10^5$ Pa における 0.20 mol の CO_2 の体積は，
22.4 L/mol×0.20 mol＝4.48 L＝4.5 L

(2) H_2O のモル質量は 18 g/mol なので，0.25 mol の H_2O の質量は，
18 g/mol×0.25 mol＝4.5 g

答 (1) **4.5 L** (2) **4.5 g**

---

❿ 気体反応と量的関係　　　　関連：教科書 p.99〜101, 110〜111, 117〜118

メタン CH_4 と水素 H_2 の混合気体 100 mL を完全燃焼させるのに，酸素 O_2 が 95 mL 必要であった。次の各問に答えよ。

(1) メタンおよび水素の完全燃焼の反応を化学反応式でそれぞれ表せ。

(2) 混合気体に含まれるメタンおよび水素は，それぞれ何 mL か。

(3) 混合気体の平均分子量を求めよ。

ポイント 混合気体の中では，メタンの完全燃焼，水素の完全燃焼の 2 つの反応が起こっている。

解き方 ▷ (1) メタン CH_4 の燃焼

①反応物を左辺に生成物を右辺に書いて，両辺を矢印で結ぶ。

　　$CH_4 +\ O_2 \longrightarrow CO_2 + H_2O$

② CH_4 の係数を仮に 1 とすると，左辺の C の数は 1 なので CO_2 の係数は 1，左辺の H の数は 4 なので，H_2O の係数は 2 になる。

　　$1CH_4 +\ O_2 \longrightarrow 1CO_2 + 2H_2O$

③右辺の O の数の合計が 4 なので O_2 の係数は 2。1 を省略すると，

　　$CH_4 + 2O_2 \longrightarrow CO_2 + 2H_2O$

水素 H_2 の燃焼

① H_2 の燃焼では，水ができる。　$H_2 +\ O_2 \longrightarrow H_2O$

② H_2O の原子の数より，H_2 と O_2 は 2：1 の物質量の比で結びつく。

　　$2H_2 + 1O_2 \longrightarrow H_2O$

③両辺の原子の数を合わせて係数の 1 を省略し，$2H_2 + O_2 \longrightarrow 2H_2O$

(2)　混合気体中の CH_4 の体積を x〔mL〕とすると，H_2 の体積は $(100-x)$ 〔mL〕である。化学反応式の係数の比は，同温・同圧の気体の体積の比に等しいので，CH_4 x〔mL〕の燃焼に必要な O_2 は $2x$〔mL〕，

$H_2(100-x)$〔mL〕の燃焼に必要な O_2 は $\dfrac{100-x}{2}$〔mL〕で，

$$2x\text{〔mL〕}+\dfrac{100-x}{2}\text{〔mL〕}=95\ \text{mL}\quad x=30\text{〔mL〕}$$

よって，CH_4 の体積は 30 mL，H_2 の体積は 70 mL。

(3)　混合気体の物質量の割合は CH_4 30 %，H_2 70 %で，モル質量は CH_4 が 16 g/mol，H_2 が 2.0 g/mol より，混合気体のモル質量は，

$$16\ \text{g/mol}\times\dfrac{30}{100}+2.0\ \text{g/mol}\times\dfrac{70}{100}=6.2\ \text{g/mol}$$

混合気体の平均分子量は 6.2 である。

答 (1)　$CH_4 : CH_4 + 2O_2 \longrightarrow CO_2 + 2H_2O$　　$H_2 : 2H_2 + O_2 \longrightarrow 2H_2O$

(2)　$CH_4 : 30\ \text{mL}$　　$H_2 : 70\ \text{mL}$　　(3)　**6.2**

⓫ 不純物を含む物質の純度　　　　関連：教科書 p.110〜111，117〜118

　主成分は炭酸カルシウム $CaCO_3$(モル質量 100 g/mol)であるが，不純物を含む大理石 5.0 g と，十分量の塩酸(塩化水素 HCl 水溶液)を反応させたところ，塩化カルシウム $CaCl_2$ と水，二酸化炭素が生じた。発生した二酸化炭素の体積は 0.896 L であった。大理石に含まれる不純物は，この反応に関係しないものとして，次の各問に答えよ。

(1)　炭酸カルシウムと塩酸の化学反応式を書け。

(2)　大理石に含まれていた炭酸カルシウムは何 mol か。

(3)　大理石の純度(大理石中に含まれる炭酸カルシウムの質量の割合)は何%か。

ポイント　生成物の二酸化炭素の物質量から，反応物の炭酸カルシウムの質量を計算する。

解き方　(1)①左辺に反応物，右辺に生成物を書き，両辺を矢印で結ぶ。

　　　■$CaCO_3$ + ■HCl $\longrightarrow$ ■$CaCl_2$ + ■H_2O + ■CO_2

　　　② $CaCl_2$ の係数を仮に 1 とし，Ca と Cl の数が両辺で等しくなるようにする。$1CaCO_3$ + $2HCl$ $\longrightarrow$ $1CaCl_2$ + ■H_2O + ■CO_2

　　　③ H と C の数が両辺で等しくなるようにし，1 を省略する。

節末問題のガイド　第1節

$$CaCO_3 + 2HCl \longrightarrow CaCl_2 + H_2O + CO_2$$

(2) 発生した 0.896 L の CO_2 の物質量は，

$$物質量 = \frac{0.896 \text{ L}}{22.4 \text{ L/mol}} = 0.0400 \text{ mol}$$

(3) 化学反応式の係数より，反応した $CaCO_3$ の物質量は 0.0400 mol で，$CaCO_3$ のモル質量が 100 g/mol であることから，大理石に含まれていた $CaCO_3$ の質量は，

$$100 \text{ g/mol} \times 0.0400 \text{ mol} = 4.00 \text{ g}$$

したがって，5.0 g の大理石の純度は $\dfrac{4.00 \text{ g}}{5.0 \text{ g}} \times 100 = 80 \%$

答 (1)　$CaCO_3 + 2HCl \longrightarrow CaCl_2 + H_2O + CO_2$

　　 (2)　**0.0400 mol**　　(3)　**80 %**

---

⑫ 化学反応の量的関係

関連：教科書 p.110~111，117~121

　一定質量のマグネシウムに 1.00 mol/L の塩酸を加え，塩酸の体積と発生した水素の体積を調べたところ，図のグラフが得られた。次の各問に答えよ。

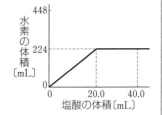

(1) マグネシウムと塩酸の反応を化学反応式で表せ。

(2) 過不足なく反応する塩化水素の物質量は何 mol か。

(3) 用いたマグネシウムの質量は何 g か。

(4) 次の①~③のように条件を変えたとき，得られるグラフはどのようになるか。最も適切なものを下の(ア)~(オ)からそれぞれ選べ。

　① マグネシウムの質量を $\dfrac{1}{2}$ 倍にしたとき

　② 塩酸の濃度を 0.500 mol/L にしたとき

　③ マグネシウムの量を 2 倍にし，塩酸の濃度を 2.00 mol/L にしたとき

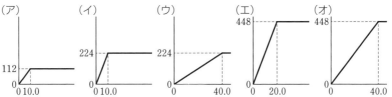

ポイント 二直線の交点が，マグネシウムと塩酸が過不足なく反応した点。

解き方 (1)　反応物はマグネシウム Mg と塩化水素 HCl, 生成物は塩化マグネシウム $MgCl_2$ と水素 H_2 である。

$$Mg + 2HCl \longrightarrow MgCl_2 + H_2$$

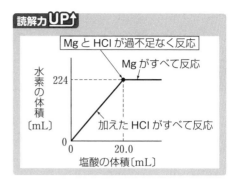

読解力**UP↑**

Mg と HCl が過不足なく反応

Mg がすべて反応

水素の体積〔mL〕

224

加えた HCl がすべて反応

0

20.0

塩酸の体積〔mL〕

(2)　グラフより, 過不足なく反応する塩酸の体積は 20.0 mL である。1.00 mol/L, 20.0 mL に含まれる HCl の物質量は,

$$1.00 \text{ mol/L} \times \frac{20.0}{1000}\text{L} = 0.0200 \text{ mol}$$

(3)　化学反応式の係数の比より, Mg と HCl は物質量の比が, Mg：HCl ＝1：2 で過不足なく反応するので, HCl＝0.0200 mol と過不足なく反応する Mg の物質量は 0.0100 mol である。Mg のモル質量は 24 g/mol なので, 0.0100 mol の Mg の質量は, 24 g/mol×0.0100 mol＝0.24 g

(4)① Mg の質量を $\frac{1}{2}$ 倍にすると物質量も $\frac{1}{2}$ 倍となる。したがって過不足なく反応する HCl の物質量と発生する H_2 の物質量も $\frac{1}{2}$ 倍になり, 過不足なく反応する塩酸の体積は 10.0 mL, 発生する H_2 の体積は 112 mL になる。グラフは㈠である。

②塩酸の濃度を $\frac{1}{2}$ 倍の 0.500 mol/L にすると, 0.24 g の Mg と過不足なく反応する塩酸の体積は, 2 倍の 40.0 mL になる。2 つの反応物の物質量が変わらないので, 発生する H_2 の物質量は変わらず, 体積も 224 mL である。グラフは㈡である。

③ Mg の量を 2 倍にすると物質量も 2 倍の 0.0200 mol になる。これと過不足なく反応する HCl の物質量は 2 倍の 0.0400 mol である。しかし, 塩酸の濃度を 2 倍にしたので, 過不足なく反応する塩酸の体積は, 20.0 mL である。反応する Mg と HCl の物質量がともに 2 倍になったので, 発生する H_2 の体積も 2 倍になり, 448 mL が発生する。グラフは㈣である。

答 (1)　$Mg + 2HCl \longrightarrow MgCl_2 + H_2$　　(2)　**0.0200 mol**

(3)　**0.24 g**　　(4)　①　㈠　　②　㈡　　③　㈣

第2節 酸と塩基の反応

教科書の整理

① 酸と塩基

教科書 **p.132〜137**

A 酸

①**酸性** 水溶液が酸味を示し，青色リトマス紙を赤変させたり，BTB 溶液を黄色にさせたり，亜鉛などの金属と反応して水素を発生したりする性質。

②**酸** 酸性を示す物質。酸は水溶液中で電離して水素イオン H^+ を生じる。酸性の性質は水素イオン H^+ によるものである。

③**オキソニウムイオン** 水素イオンは，水溶液中では水分子と配位結合して，オキソニウムイオン H_3O^+ になっている。

　例 塩化水素の電離 $HCl + H_2O \longrightarrow H_3O^+ + Cl^-$

オキソニウムイオンは簡略化して H^+ と示されることが多い。

**オキソニウム
イオン**

B 塩基

①**塩基性**（または**アルカリ性**） 水溶液が赤色リトマス紙を青変させたり，BTB 溶液を青色にさせたりする性質。

②**塩基** 塩基性を示す物質。塩基は水溶液中で電離したり，水と反応したりして，水酸化物イオン OH^- を生じる。塩基性の性質は水酸化物イオン OH^- によるものである。

> **くくもっと詳しく**
> 水によく溶ける塩基はアルカリともよばれる。

> **⚠ ここに注意**
> アンモニア NH_3 は，アンモニアの一部が水分子と反応して水酸化物イオンを生じる。　$NH_3 + H_2O \rightleftharpoons NH_4^+ + OH^-$

●**アレニウスによる酸・塩基の定義**
・**酸**…水溶液中で電離して，**水素イオン** H^+（H_3O^+）を生じる物質
・**塩基**…水溶液中で電離して，**水酸化物イオン** OH^- を生じる物質

C 酸・塩基と H^+ の授受

●**ブレンステッド・ローリーによる酸・塩基の定義**
・**酸**…相手に H^+（**陽子**）を与える物質
・**塩基**…相手から H^+（**陽子**）を受け取る物質

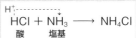

もっと詳しく

ブレンステッド・ローリーの酸・塩基の定義で考えると…

・水溶液以外の反応や難溶性の塩の反応にも適用できる。

例　$\overset{\text{H}^+\cdots\cdots\cdots}{\underset{\text{酸}}{\text{HCl}} + \underset{\text{塩基}}{\text{NH}_3}} \longrightarrow \text{NH}_4\text{Cl}$（気体どうしの反応）

・同じ物質が，相手によって酸としてはたらいたり，塩基としてはたらいたりする。

例　①では，水 H_2O は塩化水素 HCl から H^+ を受け取る塩基してはたらき，

②では，H_2O はアンモニア NH_3 に H^+ を与える酸としてはたらく。

$\underset{\text{酸}}{\text{HCl}} + \underset{\text{塩基}}{\text{H}_2\text{O}} \longrightarrow \text{H}_3\text{O}^+ + \text{Cl}^-$ ……①　　$\underset{\text{塩基}}{\text{NH}_3} + \underset{\text{酸}}{\text{H}_2\text{O}} \rightleftharpoons \text{NH}_4^+ + \text{OH}^-$ ……②

D 酸・塩基の価数

①**酸の価数**　酸の化学式の中で，電離して H^+（H_3O^+）になることができるHの数。価数により1価の酸，2価の酸などに分類される。　例　HCl（1価），H_2SO_4（2価）

②**塩基の価数**　塩基の化学式の中で，電離して OH^- になることができる OH の数，または受け取ることのできる H^+ の数。価数により1価の塩基，2価の塩基などに分類される。

例　NaOH（1価），$Ca(OH)_2$（2価）

E 酸・塩基の強弱と電離度

①**強酸**　水溶液中でほぼ完全に電離している酸。

例　塩化水素 HCl（1価），硫酸 H_2SO_4（2価）

②**弱酸**　水溶液中で一部しか電離していない酸。

例　酢酸 CH_3COOH（1価），シュウ酸 $(COOH)_2$（2価）

③**強塩基**　水溶液中でほぼ完全に電離している塩基。

例　水酸化ナトリウム NaOH（1価）

④**弱塩基**　水溶液中で一部しか電離していない塩基。

例　アンモニア NH_3（1価）

⑤**電離度**（記号 α）　酸や塩基などの電離の割合。単位がなく，$0 < \alpha \leqq 1$ の数値で表される。

$$\text{電離度 } \alpha = \frac{\text{電離した酸（塩基）の物質量〔mol〕}}{\text{溶かした酸（塩基）の物質量〔mol〕}}$$
$$= \frac{\text{電離した酸（塩基）のモル濃度〔mol/L〕}}{\text{溶かした酸（塩基）のモル濃度〔mol/L〕}}$$

⚠ここに注意
酸・塩基の強弱は，酸・塩基の価数の大小とは無関係である。

⚠ここに注意
強酸・強塩基の電離度は1に近い。

② 水素イオン濃度

教科書 **p.138~143**

A 水の電離と水素イオン濃度

①**水素イオン濃度** 水素イオン H^+ のモル濃度。$[H^+]$ と表す。

②**水酸化物イオン濃度** 水酸化物イオン OH^- のモル濃度。$[OH^-]$ と表す。

③**中性** $[H^+]$ と $[OH^-]$ とが等しい状態。純粋な水 H_2O はわずかに電離しているが，$[H^+]=[OH^-]$ なので中性である。

・水の電離 $H_2O \rightleftarrows H^+ + OH^-$

・水の電離による水素イオン濃度と水酸化物イオン濃度の関係

$[H^+]=[OH^-]=1.0\times10^{-7}\,mol/L$ （25℃の場合）

どんな水溶液でも H^+ と OH^- の両方が存在し，温度が一定であれば，$[H^+]$ と $[OH^-]$ の積は一定。

⇒$[H^+]$ の大小で酸性，塩基性の強弱を表すことができる。

酸性	$[H^+]>1.0\times10^{-7}\,mol/L>[OH^-]$
中性	$[H^+]=1.0\times10^{-7}\,mol/L=[OH^-]$
塩基性	$[H^+]<1.0\times10^{-7}\,mol/L<[OH^-]$

B 水素イオン指数 pH

①**水素イオン指数 pH** 水溶液中の $[H^+]$ を簡単な数値で表すために次のように定めた水素イオン指数 pH を用いる。

$[H^+]=10^{-n}\,mol/L$ のとき，$pH=n$

・酸性の水溶液は $pH<7$，中性の水溶液は $pH=7$，塩基性の水溶液は $pH>7$ である。

●●もっと詳しく

・強酸の水溶液を 10 倍に薄めると，$[H^+]$ は $\dfrac{1}{10}$ 倍に，pH は +1 になる。

・強塩基の水溶液を 10 倍に薄めると，$[H^+]$ は 10 倍に，pH は -1 になる。

C 指示薬と pH の測定

①**酸・塩基の指示薬（pH 指示薬）** 水溶液の pH に応じて色調が変わり，pH 測定に用いられる物質。

②**変色域** 指示薬の，色調の変わる pH の範囲。メチルオレンジ，メチルレッドの変色域は酸性側，フェノールフタレインの変色域は塩基性側にある。

📝テストに出る

$[H^+]$ と $[OH^-]$ の積が一定なので，どんな水溶液でも $[H^+]$ が決まれば $[OH^-]$ が決まる。$[H^+]$ が大きくなれば $[OH^-]$ は小さくなり，$[H^+]$ が小さくなれば $[OH^-]$ は大きくなる。

●●もっと詳しく

pH が 7 よりも小さいほど酸性が強く，7 よりも大きいほど塩基性が強い。

指示薬	変色域の pH	色調の変化
メチルオレンジ（MO）	3.1〜4.4	赤色⇔黄色
メチルレッド（MR）	4.2〜6.2	赤色⇔黄色
ブロモチモールブルー（BTB）	6.0〜7.6	黄色⇔緑色⇔青色
フェノールフタレイン（PP）	8.0〜9.8	無色⇔赤色

教科書 p.142　**発展**　**水の電離平衡**

●**電離平衡**　水の電離では，電離とは逆向きの水素イオンと水酸化物イオンから水を生じる反応も同時に起こっている。　$H_2O \rightleftharpoons H^+ + OH^-$

電離する水の数と生成する水の数が等しいと，反応が停止しているように見える。この状態を**平衡状態**といい，電離の場合を，特に**電離平衡**という。

●**水のイオン積**　水の電離平衡における[H^+]と[OH^-]の積。

$$[H^+][OH^-] = K_w \quad K_w:水のイオン積$$

水のイオン積は，どの水溶液でも，温度が一定であれば常に一定に保たれる。25℃における水のイオン積は，$K_w = 1.0 \times 10^{-14}\,(mol/L)^2$

③ 中和と塩

教科書 p.144〜147

A 中和

①**中和（中和反応）**　酸と塩基が反応して，その性質を打ち消し合う変化。一般に，酸から生じた H^+ と塩基から生じた OH^- が反応して，水 H_2O を生じる。$H^+ + OH^- \longrightarrow H_2O$

B 塩とその種類

①**塩**　中和において，酸の陰イオンと塩基の陽イオンから生じる化合物。　**例**　$HCl + NaOH \longrightarrow NaCl（塩）+ H_2O$

②**正塩**　化学式中に酸のHも塩基のOHも残っていない塩。

　例　塩化ナトリウム $NaCl$，塩化アンモニウム NH_4Cl

●**正塩の水溶液の性質**

正塩のタイプ	水溶液の液性	生じる塩の例
強酸と強塩基からできた塩	中性	$NaCl$, K_2SO_4
強酸と弱塩基からできた塩	酸性	NH_4Cl, $CuSO_4$
弱酸と強塩基からできた塩	塩基性	CH_3COONa, Na_2CO_3
弱酸と弱塩基からできた塩	ほぼ中性	CH_3COONH_4

⚠ ここに注意
塩化水素とアンモニアの中和では，水を生じない。
$HCl + NH_3 \longrightarrow NH_4Cl$

もっと詳しく
塩は，酸の H^+ を陽イオンで，塩基の OH^- を陰イオンで置き換えた化合物とみなせる。

③**酸性塩**　化学式中に酸の H が残っている塩。

　例　硫酸水素ナトリウム $NaHSO_4$

④**塩基性塩**　化学式中に塩基の OH が残っている塩。

　例　塩化水酸化マグネシウム $MgCl(OH)$

> ⚠ **ここに注意**
>
> 正塩，酸性塩，塩基性塩の分類は水溶液の液性を示すものではない。

教科書 **p.146**　**発展**　**塩の加水分解**

●**塩の加水分解**　弱酸の塩から生じた陰イオンや弱塩基の塩から生じた陽イオンが，水と反応して他の分子やイオンを生じる反応。

・**弱酸と強塩基の正塩の水溶液**　加水分解して OH^- を生じる→弱い塩基性を示す。

　例　酢酸ナトリウム CH_3COONa

　　　$CH_3COONa \longrightarrow CH_3COO^- + Na^+$

　　　$CH_3COO^- + H_2O \rightleftarrows CH_3COOH + OH^-$

・**強酸と弱塩基の正塩の水溶液**　加水分解して H_3O^+ を生じる→弱い酸性を示す。

　例　塩化アンモニウム NH_4Cl

　　　$NH_4Cl \longrightarrow NH_4^+ + Cl^-$　　　$NH_4^+ + H_2O \rightleftarrows NH_3 + H_3O^+$

C **塩の反応**

①**弱酸の遊離**　弱酸の塩に強酸を反応させると，弱酸の陰イオンが強酸から H^+ を受け取って，弱酸が生じる。

　例　酢酸ナトリウム CH_3COONa 水溶液に塩化水素 HCl の水溶液（塩酸）を加える。

　　　$\underset{\text{弱酸の塩}}{CH_3COONa} + \underset{\text{強酸}}{HCl} \longrightarrow \underset{\text{強酸の塩}}{NaCl} + \underset{\text{弱酸}}{CH_3COOH}$

②**弱塩基の遊離**　弱塩基の塩に強塩基を反応させると，弱塩基の陽イオンが強塩基に H^+ を渡して，弱塩基が生じる。

　例　塩化アンモニウム NH_4Cl に水酸化カルシウム $Ca(OH)_2$ を混合して加熱する。

　　　$\underset{\text{弱塩基の塩}}{2NH_4Cl} + \underset{\text{強塩基}}{Ca(OH)_2} \longrightarrow \underset{\text{強塩基の塩}}{CaCl_2} + 2H_2O + \underset{\text{弱塩基}}{2NH_3}$

④ 中和滴定

教科書 **p.148〜159**

A **中和における量的関係**

・a 価の酸 n〔mol〕と，a' 価の塩基 n'〔mol〕とが過不足なく中和するとき，次の関係式が成り立つ。

酸から生じる H$^+$ の物質量＝塩基から生じる OH$^-$ の物質量

$$a \times n〔mol〕＝a' \times n'〔mol〕$$

・水溶液どうしの中和では，c〔mol/L〕の a 価の酸の水溶液 V〔L〕と c'〔mol/L〕の a' 価の塩基の水溶液 V'〔L〕とが過不足なく中和するとき，次の中和の関係式が成り立つ。

$$\underbrace{a \times c〔mol/L〕\times V〔L〕}_{\text{酸から生じる H}^+\text{の物質量}}＝\underbrace{a' \times c'〔mol/L〕\times V'〔L〕}_{\text{塩基から生じる OH}^-\text{の物質量}}$$ …式(a)

> **⚠ ここに注意**
> 中和における量的関係には，酸や塩基の電離度は関係しない。

B 中和滴定

①**中和滴定**　濃度未知の酸（または塩基）の水溶液を，濃度がわかっている塩基（または酸）の水溶液と過不足なく中和させて，中和の量的関係から濃度未知の水溶液の濃度を求める操作。

②**標準溶液**　中和滴定で用いる，正確な濃度がわかっている，酸または塩基の水溶液。

③**中和点**　酸と塩基が過不足なく中和する点。

④**潮解性**　空気中の水蒸気を吸収して，やがて水溶液になる現象を潮解といい，潮解する性質を潮解性という。水酸化ナトリウム NaOH は潮解性があるので NaOH 水溶液を標準溶液として用いることはできない。標準溶液に NaOH 水溶液を用いる場合には，実験の直前に NaOH 水溶液をシュウ酸標準溶液を用いて中和滴定し，その濃度を決定しておく。

⑤**共洗い**　実験器具が水で濡れている場合に，使用する前に，実験で用いる水溶液で数回洗う操作のこと。

> **⚠ ここに注意**
> ・共洗いするもの：ホールピペット，ビュレット
> ・共洗いしないもの：メスフラスコ，コニカルビーカー

●**中和滴定に用いられる実験器具の扱い方**

器具	メスフラスコ	ホールピペット	ビュレット	コニカルビーカー
使用目的	正確な濃度の水溶液を調製する。	一定体積の溶液を正確にはかり取る。	滴下した溶液の体積を正確にはかる。	酸と塩基を反応させる。
洗浄方法	純水で洗浄，濡れたまま使用できる。	使用する水溶液で共洗いする。	使用する水溶液で共洗いする。	純水で洗浄，濡れたまま使用できる。

●**中和滴定の手順**　濃度不明の塩酸の濃度を，濃度のわかっている水酸化ナトリウム水溶液で中和滴定して求める場合

❶塩酸を，安全ピペッターをつけたホールピペットで正確に 10.0 mL はかり取り，コニカルビーカーに入れる。

❷塩酸にフェノールフタレイン溶液を1〜2滴加える。

❸ビュレットに水酸化ナトリウム水溶液を入れ，滴下前の目盛りを読む。

❹ビュレットから水酸化ナトリウム水溶液を滴下し，ビーカー内の水溶液を振り混ぜる操作を繰り返す。

❺水溶液を振り混ぜても薄い赤色が消えなくなったら，滴下をやめて，ビュレットの目盛りを読む。滴下前と滴下後の目盛りの数値の差を，滴下量とする。

❻操作❶〜❺を数回繰り返し，滴下量の平均をとった後，本書 p.117 の式(a)を用いて塩酸の濃度を求める。

C 中和滴定曲線

①**中和滴定曲線**　中和滴定における，加えた塩基または酸の水溶液の体積と混合水溶液の pH との関係を表す曲線。

一般に，混合水溶液の pH は中和点の前後で急激に変化して，中和滴定曲線は，ほぼ垂直になる。垂直部分に変色域が含まれる指示薬を用いると，中和点を知ることができる。

> ⚠️ **ここに注意**
> 中和点の pH は生成した塩の水溶液の性質によって決まり，pH 7 を示すとは限らない。

●中和滴定曲線と指示薬

滴定に用いる酸・塩基	中和点の液性	適切な指示薬
強酸＋強塩基	中性	フェノールフタレイン，メチルオレンジ
弱酸＋強塩基	弱塩基性	フェノールフタレイン
強酸＋弱塩基	弱酸性	メチルオレンジ
弱酸＋弱塩基	ほぼ中性	指示薬で中和点を知ることは難しい

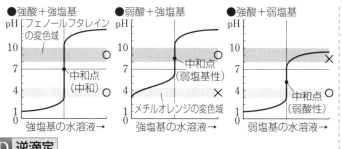

> 🔍 **もっと詳しく**
> 弱酸＋弱塩基の中和は，pH の急激な変化がないので指示薬は使えない。

D 逆滴定

①**逆滴定**　二酸化炭素 CO_2 やアンモニア NH_3 などの気体を過剰の酸や塩基に吸収させて，残った未反応の酸や塩基の滴定を行い，間接的に気体の量を決定する方法。

実験のガイド

教科書
p.136 | 実 験 | **4. 塩酸と酢酸水溶液の反応性を比較する**

ガイド | **考察** | ・塩酸，酢酸水溶液の両方で水素が発生したが，塩酸に入れた方が激しく反応し，発生する水素の泡の数も多い。

・同じモル濃度でも，塩酸ではほぼすべての塩化水素分子が電離し，多くの水素イオン H^+ が存在するのに対し，酢酸水溶液では一部の酢酸分子しか電離していないので H^+ が少ないためである。

教科書
p.152 | 実 験 | **5. 中和滴定によって食酢の濃度を求める**

ガイド | **方法** | **1. 水酸化ナトリウム水溶液の正確な濃度決定**

　　約 0.1 mol/L の水酸化ナトリウム水溶液を 0.050 mol/L のシュウ酸の標準溶液で中和滴定して，水酸化ナトリウム水溶液の正確な濃度を求める。

　　$(COOH)_2 + 2NaOH \longrightarrow (COONa)_2 + 2H_2O$

・手順❶：0.050 mol/L のシュウ酸水溶液を 100 mL メスフラスコで調製するときには，水を標線の手前まで注ぎ入れてから，こまごめピペットで水を滴下し，メニスカスの底部を標線に合わせる。

・手順❸：水酸化ナトリウム水溶液をビュレットに入れるときには，ろうとをビュレットに密着させないようにする。水溶液を入れたら，ビュレットの下に空のビーカーを置き，活栓を開いてビュレットの先端まで液を満たしてから，活栓を閉じる。

・手順❹：水酸化ナトリウム水溶液を滴下するとコニカルビーカーの中の水溶液の一部が赤色に変化するが，振り混ぜると消える。色が消えにくくなったら中和点に近づいているので 1 滴ずつ滴下する。

　水溶液全体が薄い赤色になった後に，コニカルビーカーを激しく振り混ぜたり，しばらく放置したりすると，色が消えることがある。

2. 食酢中の酢酸濃度の決定

・手順❻：食酢はそのままでは濃すぎるので，濃度を $\frac{1}{10}$ 倍にする。食酢を 10 mL とり，水を加えて 100 mL にすると，濃度は $\frac{1}{10}$ 倍になる。

実験のガイド　第2節

┃**考察**┃ 教科書 p.153 表 6，表 7 の結果を用いて考察を進める。

❶水酸化ナトリウム水溶液のモル濃度を求める。

実験回数	1	2	3	4
滴下量 v_2-v_1〔mL〕	10.58 mL	10.62 mL	10.59 mL	10.62 mL

①滴下量の平均値を求めると，10.60 mL である。

②水酸化ナトリウム水溶液のモル濃度を求める。

中和に要した水酸化ナトリウム水溶液の体積が 10.60 mL なので，水酸化ナトリウム水溶液のモル濃度を c_1〔mol/L〕とすると，中和の量的関係から次の式が成り立つ。

$$\underbrace{2\times0.050\ \text{mol/L}\times\frac{10.0}{1000}\ \text{L}}_{\text{シュウ酸から生じる H}^+\text{の物質量}}=\underbrace{1\times c_1\text{〔mol/L〕}\times\frac{10.60}{1000}\ \text{L}}_{\text{水酸化ナトリウムから生じる OH}^-\text{の物質量}}$$

c_1〔mol/L〕＝0.0943 mol/L＝0.094 mol/L

❷食酢の密度を 1.0 g/cm³ として，実験で求めたモル濃度から質量パーセント濃度を求める。求めた濃度を，用いた食酢のラベル表示にある酢酸の濃度(酸度)と比較検討する。

実験回数	1	2	3	4
滴下量 v_2-v_1〔mL〕	7.61 mL	7.57 mL	7.62 mL	7.59 mL

①滴下量の平均値を求めると，7.60 mL である。

②食酢中の酢酸のモル濃度を求める。

食酢を 10 倍に薄めた試料溶液中の酢酸のモル濃度を c_2〔mol/L〕とすると，中和の量的関係から次の式が成り立つ。

$$\underbrace{1\times c_2\text{〔mol/L〕}\times\frac{10.0}{1000}\ \text{L}}_{\text{酢酸から生じる H}^+\text{の物質量}}=\underbrace{1\times0.0943\ \text{mol/L}\times\frac{7.60}{1000}\ \text{L}}_{\text{水酸化ナトリウムから生じる OH}^-\text{の物質量}}$$

c_2〔mol/L〕＝0.0716 mol/L＝0.072 mol/L

もとの食酢中の酢酸のモル濃度は，その 10 倍の 0.72 mol/L である。

③食酢中の酢酸の質量パーセント濃度を求める。

酢酸のモル質量は 60 g/mol なので，

$$\frac{\text{食酢 1 L 中の酢酸の質量}}{\text{食酢 1 L の質量}}\times100=\frac{60\ \text{g/mol}\times0.716\ \text{mol}}{1.0\ \text{g/cm}^3\times1000\ \text{cm}^3}\times100=4.29$$

酢酸の質量パーセント濃度は 4.3 %，食酢のラベルに書かれている酸度 4.3 %と一致した。

問・TRY・Checkのガイド

教科書 p.132 問 1　硝酸 HNO_3 の電離を示す式を，(1)式にならって記せ。

ポイント　酸は，電離して水素イオン H^+ を生じる。

解き方　硝酸 HNO_3 は，水溶液中で水素イオン H^+ と硝酸イオン NO_3^- に電離する。　　$HNO_3 \longrightarrow H^+ + NO_3^-$

実際には，H^+ は水と反応してオキソニウムイオン H_3O^+ になっているが，

$HNO_3 + H_2O \longrightarrow H_3O^+ + NO_3^-$

一般には解答のように簡略化して表してよい。

答 $HNO_3 \longrightarrow H^+ + NO_3^-$

教科書 p.133 問 2　水酸化バリウム $Ba(OH)_2$ の電離を示す式を，(7)式にならって記せ。

ポイント　塩基は，電離して水酸化物イオン OH^- を生じる。

解き方　水酸化バリウム $Ba(OH)_2$ は，水溶液中で，バリウムイオン Ba^{2+} と2個の水酸化物イオン OH^- に電離する。

答 $Ba(OH)_2 \longrightarrow Ba^{2+} + 2OH^-$

教科書 p.134 問 3　次の反応で，下線部の物質は，それぞれ酸・塩基のどちらのはたらきをしているか。

(1) $NH_4^+ + \underline{H_2O} \rightleftharpoons NH_3 + H_3O^+$

(2) $HCO_3^- + \underline{H_2O} \rightleftharpoons H_2CO_3 + OH^-$

ポイント　H^+ を与える物質が酸，H^+ を受け取る物質が塩基。

解き方 (1)　水 H_2O はアンモニウムイオン NH_4^+ から H^+ を受け取っているので塩基である。

$$\underset{酸}{NH_4^+} + \underset{塩基}{\underline{H_2O}} \rightleftharpoons NH_3 + H_3O^+$$

(2) 水 H_2O は，炭酸水素イオン HCO_3^- に H^+ を与えているので酸である。

$$\underset{\text{塩基}}{HCO_3^-} + \underset{\text{酸}}{H_2O} \overset{H^+}{\longrightarrow} \rightleftharpoons H_2CO_3 + OH^-$$

答(1) 塩基　(2) 酸

教科書 p.135 問 4 硫化水素 H_2S が2段階で電離するときの各反応式を記せ。

ポイント 2価の酸は，2つのHを1個ずつ電離する。

解き方 1段階目：硫化水素 H_2S が，H^+ と硫化水素イオン HS^- に電離する。
2段階目：硫化水素イオン HS^- が，H^+ と硫化物イオン S^{2-} に電離する。

表現力UP↑
イオンの式は両辺の電荷の総和を等しくする。

答 $H_2S \rightleftharpoons H^+ + HS^-$　　$HS^- \rightleftharpoons H^+ + S^{2-}$

教科書 p.135 TRY① クエン酸は何価の酸か。図の構造式から考えよ。

$$\begin{array}{l} CH_2\!-\!COOH \\ | \\ HO\!-\!C\!-\!COOH \\ | \\ CH_2\!-\!COOH \end{array}$$
クエン酸

解き方 クエン酸には，$-COOH$ の構造が3つあり，それぞれが $-COO^-$ と H^+ に電離する。

答 3価の酸

教科書 p.137 問 5 0.10 mol の酢酸を水 1.0 L に溶かしたところ，0.0013 mol の水素イオンが生じた。このときの酢酸の電離度はいくらか。

ポイント 電離度 $\alpha = \dfrac{\text{電離した酸（塩基）の物質量〔mol〕}}{\text{溶かした酸（塩基）の物質量〔mol〕}}$

解き方 酢酸は1価の酸なので，電離した酢酸の物質量は水素イオンの物質量に等しく，0.0013 mol である。これを電離度を求める式に入れて，

$$電離度 \alpha = \frac{\text{電離した酸の物質量〔mol〕}}{\text{溶かした酸の物質量〔mol〕}} = \frac{0.0013\ mol}{0.10\ mol} = 0.013$$

答 0.013

教科書 p.137 Check

塩酸，酢酸，硫酸の違いを，酸の強弱や価数に着目して説明しよう。

答 塩酸と硫酸はほぼ完全に電離し，電離度がほぼ1なので強酸，酢酸は一部しか電離しておらず，電離度が小さいので弱酸である。

塩酸 HCl と酢酸 CH_3COOH は水素イオン H^+ になることができるHを1個もつので1価の酸，硫酸 H_2SO_4 は水素イオン H^+ になることができるHを2個もつので2価の酸である。

塩酸は1価の強酸，硫酸は2価の強酸，酢酸は1価の弱酸である。

教科書 p.139 問6

pH が2の水溶液の$[H^+]$は，pH が4の水溶液の$[H^+]$の何倍か。

ポイント $pH=n$ のとき，$[H^+]=1.0\times10^{-n}\,mol/L$

解き方 pH 2 の水溶液　$[H^+]=1.0\times10^{-2}\,mol/L$
pH 4 の水溶液　$[H^+]=1.0\times10^{-4}\,mol/L$

$$\frac{1.0\times10^{-2}\,mol/L}{1.0\times10^{-4}\,mol/L}=100$$

答 100 倍

思考力UP↑
pH が1大きい。
→$[H^+]$は $\frac{1}{10}$ 倍になる。
pH が1小さい。
→$[H^+]$は 10 倍になる。

教科書 p.140 問7

酢酸の電離度を 0.013 として，0.10 mol/L の酢酸水溶液の水素イオン濃度 $[H^+]$を求めよ。

ポイント $c\,(mol/L)$の1価の酸の水溶液の電離度がαのとき，$[H^+]=c\,(mol/L)\times\alpha=c\alpha\,(mol/L)$

解き方 酢酸は1価の酸なので酢酸1分子が電離すると H^+ が1個生じる。したがって，電離度 0.013 の 0.10 mol/L の酢酸水溶液中の$[H^+]$は，

$[H^+]=$酢酸のモル濃度×酢酸の電離度
$=0.10\,mol/L\times0.013=1.3\times10^{-3}\,mol/L$

答 $1.3\times10^{-3}\,mol/L$

教科書 p.140 問 8

アンモニアの電離度を 0.020 として，0.050 mol/L のアンモニア水の pH を求めよ。ただし，教科書 p.140 の数直線を用いてよい。

ポイント

c〔mol/L〕の 1 価の塩基の水溶液の電離度が α のとき，
$[OH^-]=c\alpha$〔mol/L〕

解き方

アンモニア NH_3 は 1 価の塩基で，NH_3 1 分子が水 H_2O 1 分子と反応して電離し，OH^- が 1 個生じる。$NH_3 + H_2O \rightleftharpoons NH_4^+ + OH^-$
したがって$[OH^-]$は電離した NH_3 の物質量に等しく

$[OH^-]$＝電離した NH_3 の物質量
　　　＝NH_3 のモル濃度×電離度＝0.050 mol/L×0.020
　　　＝1.0×10^{-3} mol/L

p.140 の数直線から，$[OH^-]=1.0\times10^{-3}$ mol/L のときには，
$[H^+]=1.0\times10^{-11}$ mol/L なので，pH は 11 である。

答 11

教科書 p.141 問 9

次の pH の各水溶液にメチルオレンジを加えたときの色，また，フェノールフタレインを加えたときの色をそれぞれ記せ。
(ア) レモン汁(pH 2.7)　(イ) セッケン水(pH 10)　(ウ) 雨水(pH 5.6)

ポイント

変色域は，メチルオレンジは酸性側，
フェノールフタレインは塩基性側にある。

解き方

メチルオレンジの変色域は pH 3.1〜4.4 で赤色から黄色に変化する。フェノールフタレインの変色域は pH 8.0〜9.8 で無色から赤色に変化する。

答(ア) メチルオレンジ：**赤色** フェノールフタレイン：**無色**
(イ) メチルオレンジ：**黄色** フェノールフタレイン：**赤色**
(ウ) メチルオレンジ：**黄色** フェノールフタレイン：**無色**

教科書 p.141 Check

pH の値と酸性・塩基性の強弱の関係を整理しよう。

答 酸性：pH の値は 7 より小さい。酸性が強いほど，値が小さくなる。
中性：pH の値は 7 である。
塩基性：pH の値は 7 より大きい。塩基性が強いほど，値が大きくなる。

教科書 p.142 問 a

$[OH^-]=1.0\times10^{-3}$ mol/L の水溶液の$[H^+]$を求めよ。

ポイント

水のイオン積 $[H^+][OH^-]=K_w$ が一定であることから，$[H^+]$を求める。

解き方　水のイオン積K_wは温度が一定なら一定の値をとり，25 ℃では，

$$K_w=[H^+][OH^-]=1.0\times10^{-14}\ (mol/L)^2\ より，$$

$$[H^+]=\frac{K_w}{[OH^-]}=\frac{1.0\times10^{-14}\ (mol/L)^2}{1.0\times10^{-3}\ mol/L}=1.0\times10^{-11}\ mol/L$$

答 1.0×10^{-11} mol/L

教科書 p.142 問 b

$[H^+]=2.0\times10^{-3}$ mol/L の水溶液の pH を小数第 1 位まで求めよ。ただし，$\log_{10}2=0.30$ とする。

ポイント

$pH=-\log_{10}[H^+]$ を用いて計算する。

解き方 $pH=-\log_{10}[H^+]=-\log_{10}(2.0\times10^{-3})=-(\log_{10}2.0+\log_{10}10^{-3})$

$=-(\log_{10}2.0-3)=3-\log_{10}2.0=3-0.30=2.7$

（別解）　教科書 p.142 の(e)式に代入して計算してもよい。

答 2.7

教科書 p.143 問 c

$[OH^-]=1.0\times10^{-3}$ mol/L の水溶液の pH を求めよ。

ポイント

$[H^+]=1.0\times10^{-n}$ mol/L のとき $pH=n$ である。

解き方　教科書 p.142 の問 a より，$[OH^-]=1.0\times10^{-3}$ mol/L の水溶液の$[H^+]$は，1.0×10^{-11} mol/L である。これより，$pH=11$

（別解）　教科書 p.143 の(f)式より，

$$pOH=-\log_{10}[OH^-]=-\log_{10}(1.0\times10^{-3})=3$$

教科書 p.143 の(h)式 $pH+pOH=14$ より，$pH=14-3=11$

答 11

> 教科書
> **p.143**
> 問 d

2.0×10⁻³ mol/L 水酸化ナトリウム水溶液の pH を小数第 1 位まで求めよ。ただし，水のイオン積は $K_w=1.0×10^{-14}(mol/L)^2$，$\log_{10}2.0=0.30$，$\log_{10}5.0=0.70$ とする。

ポイント　まず，この水溶液の[OH⁻]を求める。

解き方　水酸化ナトリウム NaOH は 1 価の塩基なので，NaOH が 1 mol 電離すると 1 mol の OH⁻ を生じる。また，強塩基なので電離度を 1 とすると，2.0×10⁻³ mol/L の NaOH 水溶液の[OH⁻]は 2.0×10⁻³ mol/L である。

水のイオン積 $K_w=[H^+][OH^-]=1.0×10^{-14}(mol/L)$ より，

$$[H^+]=\frac{K_w}{[OH^-]}=\frac{1.0×10^{-14}(mol/L)^2}{2.0×10^{-3}\,mol/L}=5.0×10^{-12}\,mol/L$$

したがって，この水溶液の pH は，

$$pH=-\log_{10}[H^+]=-\log_{10}(5.0×10^{-12})$$
$$=-(\log_{10}5.0+\log_{10}10^{-12})=-(\log_{10}5.0-12)$$
$$=12-\log_{10}5.0=12-0.70=11.3$$

（別解）
$$pOH=-\log_{10}[OH^-]=-\log_{10}(2.0×10^{-3})$$
$$=-\log_{10}2.0+\log_{10}10^{-3}=3-\log_{10}2.0$$
$$=3-0.30=2.7$$
$$pH+pOH=14 \text{ より，} pH=14-pOH=14-2.7=11.3$$

答 11.3

> 教科書
> **p.144**
> 問 10

次の酸と塩基が完全に中和するときの変化を，化学反応式で記せ。
(1) 硝酸 HNO_3 と水酸化ナトリウム NaOH
(2) 硫酸 H_2SO_4 とアンモニア NH_3

ポイント　(1)は酸の H⁺ と塩基の OH⁻ から水が生じるが，(2)は水が生じない。

解き方 (1) 硝酸ナトリウム $NaNO_3$ と水 H_2O を生じる。
(2) 硫酸アンモニウム $(NH_4)_2SO_4$ を生じる。

答(1) $HNO_3 + NaOH \longrightarrow NaNO_3 + H_2O$
(2) $H_2SO_4 + 2NH_3 \longrightarrow (NH_4)_2SO_4$

教科書
p.145
問 11

次の塩を，正塩・酸性塩・塩基性塩にそれぞれ分類せよ。
(ア) CH_3COONH_4　(イ) $CaCl(OH)$　(ウ) $Ca(HCO_3)_2$

ポイント

酸のHが残っている塩が酸性塩，
塩基の OH が残っている塩が塩基性塩である。

解き方 (ア) CH_3COONH_4 は，もとの酸の酢酸 CH_3COOH の H^+ が NH_4^+ に置き
換わったもので，酸のHも塩基の OH も残っていないので正塩である。
(イ) $CaCl(OH)$ は，もとの塩基の水酸化カルシウム $Ca(OH)_2$ の2つある
OH^- のうち，1つが残っているので塩基性塩である。
(ウ) $Ca(HCO_3)_2$ は，もとの酸の炭酸 H_2CO_3 の2つあるHのうち，1つ
が残っているので，酸性塩である。

答 (ア) 正塩　(イ) 塩基性塩　(ウ) 酸性塩

教科書
p.145
問 12

次の正塩の水溶液は，酸性・中性・塩基性のいずれを示すか。
(ア) $(NH_4)_2SO_4$　(イ) $CaCl_2$　(ウ) Na_2S

ポイント

塩をつくるもとの酸と塩基の組み合わせで，液性が決まる。

解き方 (ア) 硫酸アンモニウム $(NH_4)_2SO_4$ は強酸の
H_2SO_4 と弱塩基の NH_3 の中和によってで
きた正塩なので，水溶液は酸性を示す。
(イ) 塩化カルシウム $CaCl_2$ は，強酸の HCl
と強塩基の $Ca(OH)_2$ の中和によってでき
た正塩なので，水溶液は中性を示す。
(ウ) 硫化ナトリウム Na_2S は，弱酸の H_2S
と強塩基の NaOH の中和によってできた
正塩なので，水溶液は塩基性を示す。

答 (ア) 酸性　(イ) 中性　(ウ) 塩基性

テストに出る
正塩は，塩をつくるもと
の酸・塩基の組み合わせ
で水溶液の性質が決まる。
・強酸＋強塩基→中性
・強酸＋弱塩基→酸性
・弱酸＋強塩基→塩基性

教科書
p.146
問 a

次の水溶液のうち，加水分解によって水溶液が酸性を示すものを2つ選べ。
(ア)　$BaCl_2$　　　(イ)　Na_2CO_3　　　(ウ)　NH_4NO_3
(エ)　$CuSO_4$　　　(オ)　Na_3PO_4

ポイント　　**弱酸または弱塩基からできた塩は加水分解をする。**

解き方　塩の加水分解についてまとめると次のようになる。

弱酸の陰イオン ＋ H_2O ⟶ 弱酸 と OH^-　　　…水溶液は弱い塩基性
弱塩基の陽イオン ＋ H_2O ⟶ 弱塩基 と H_3O^+　…水溶液は弱い酸性

(ア)　塩化バリウム $BaCl_2$ は，$BaCl_2$ ⟶ Ba^{2+} ＋ $2Cl^-$ と電離する。強塩基の陽イオン Ba^{2+} も強酸の陰イオン Cl^- も加水分解せず，水溶液は中性を示す。

(イ)　炭酸ナトリウム Na_2CO_3 は，Na_2CO_3 ⟶ $2Na^+$ ＋ CO_3^{2-} と電離する。弱酸の陰イオン CO_3^{2-} が水と反応して OH^- を生じるため，水溶液は弱い塩基性を示す。

(ウ)　硝酸アンモニウム NH_4NO_3 は，NH_4NO_3 ⟶ NH_4^+ ＋ NO_3^- と電離する。弱塩基の陽イオン NH_4^+ が水と反応して H_3O^+ を生じるため，水溶液は弱い酸性を示す。

(エ)　硫酸銅(Ⅱ)$CuSO_4$ は，$CuSO_4$ ⟶ Cu^{2+} ＋ SO_4^{2-} と電離する。弱塩基の陽イオン Cu^{2+} が水と反応して H_3O^+ を生じるため，水溶液は弱い酸性を示す。

(オ)　リン酸ナトリウム Na_3PO_4 は，Na_3PO_4 ⟶ $3Na^+$ ＋ PO_4^{3-} と電離する。弱酸の陰イオン PO_4^{3-} が水と反応して OH^- を生じるため，水溶液は弱い塩基性を示す。

答 (ウ), (エ)

教科書
p.147
Check

正塩の水溶液の性質を，酸・塩基の強弱に着目して説明しよう。

答・強酸と強塩基からなる正塩の水溶液は，中性を示す。
　・強酸と弱塩基からなる正塩の水溶液は，弱い酸性を示す。
　・弱酸と強塩基からなる正塩の水溶液は，弱い塩基性を示す。
　・弱酸と弱塩基からなる正塩の水溶液は，ほぼ中性を示す。

教科書
p.149
問 13

0.10 mol/L のアンモニア NH_3 水 10 mL を過不足なく中和するには，0.10 mol/L 硫酸水溶液は何 mL 必要か。

ポイント

> ### 中和の量的関係
> ### 酸から生じる H^+ の物質量＝塩基から生じる OH^- の物質量

解き方

硫酸 H_2SO_4 は 2 価の酸，アンモニア NH_3 は 1 価の塩基である。中和に必要な H_2SO_4 水溶液の体積を $V(L)$ とすると，次の式が成り立つ。

$$\underbrace{2 \times 0.10 \text{ mol/L} \times V(L)}_{\text{硫酸から生じる } H^+ \text{ の物質量}} = \underbrace{1 \times 0.10 \text{ mol/L} \times \frac{10}{1000} L}_{\text{アンモニアから生じる } OH^- \text{ の物質量}}$$

$$V = \frac{5.0}{1000} L = 5.0 \text{ mL}$$

⚠️ ここに注意
中和の関係式を用いるときは，酸・塩基の価数に注意しよう。

答 5.0 mL

教科書
p.149
問 14

0.100 mol/L シュウ酸 $(COOH)_2$ 水溶液 10.00 mL を濃度不明の水酸化ナトリウム水溶液で過不足なく中和すると，7.50 mL を要した。この水酸化ナトリウム水溶液の濃度は何 mol/L か。

ポイント

> ### NaOH 水溶液の濃度を $c(mol/L)$ とおき，
> ### 中和の量的関係の式から，c を求める。

解き方

シュウ酸 $(COOH)_2$ は 2 価の酸，水酸化ナトリウム NaOH は 1 価の塩基なので，NaOH 水溶液の濃度を $c(mol/L)$ として，中和の量的関係の式をつくると，次のようになる。

読解力UP↑
中和の関係式にあてはめられるように，問題から必要な数値を読み取ろう。このとき酸・塩基の価数に注意する。

$$\underbrace{2 \times 0.100 \text{ mol/L} \times \frac{10.00}{1000} L}_{(COOH)_2 \text{ から生じる } H^+ \text{ の物質量}} = \underbrace{1 \times c(mol/L) \times \frac{7.50}{1000} L}_{\text{NaOH から生じる } OH^- \text{ の物質量}}$$

これを解いて，$c = 0.2666 \text{ mol/L} = 0.267 \text{ mol/L}$

答 0.267 mol/L

教科書 p.150 TRY ②　水で濡れたままのビュレットを用いて，教科書 p.150 の図 18 の操作を行った場合，実験結果にどのような影響が出ると予想されるか。

解き方　水で濡れたビュレットは，水が入っているビュレットと考えることができ，標準溶液が薄まる。そのため，水酸化ナトリウム水溶液の滴下量は 9.38 mL よりも多くなる。下の式において滴下量が 9.38 mL よりも大きくなると，NaOH から生じる OH^- の物質量が実際よりも大きくなるため，塩酸の濃度 c〔mol/L〕の値は実際よりも大きくなる。

$$\underbrace{1 \times c \text{〔mol/L〕} \times \frac{10.0}{1000}}_{\text{HCl から生じる H}^+ \text{の物質量}} = \underbrace{1 \times 0.10 \text{ mol/L} \times \frac{9.38}{1000} \text{ L}}_{\text{NaOH から生じる OH}^- \text{の物質量}}$$

答 求めた塩酸の濃度は，正しい値よりも大きくなる。

教科書 p.153 TRY ③　教科書 p.152 の実験 5，方法❻で用いたホールピペットを，純水で洗ったのち方法❼で用いた。このとき，水酸化ナトリウム水溶液の滴下量は，正しい値と比べてどのように変化するか。

解き方　試料水溶液の濃度が薄くなるため，水溶液中の酢酸のモル濃度が小さくなり，酢酸から生じる H^+ の物質量も小さくなる。その結果，過不足なく中和する水酸化ナトリウム水溶液の滴下量も小さくなる。

答 水酸化ナトリウム水溶液の滴下量は，正しい値よりも小さくなる。

教科書 p.153 TRY ④　滴定後の淡赤色の水溶液を，しばらく放置しておくと無色になった。これはなぜか。

解き方　水溶液に空気中の二酸化炭素が溶け込む。

答 水溶液を放置し，水溶液に空気中の二酸化炭素が溶け込んで水溶液の pH の値が小さくなったため，変色域が塩基性側にあるフェノールフタレイン溶液の色が淡赤色から無色に変化した。

教科書 p.157 問 15　2.00 mol/L の水酸化ナトリウム水溶液 10.0 mL に，ある量の気体の塩化水素を吸収させた。未反応の水酸化ナトリウムを，1.00 mol/L 塩酸を用いて中和滴定したところ，15.0 mL を要した。吸収させた塩化水素の体積は，0 ℃，1.013×10^5 Pa で何 mL か。

ポイント | 酸から生じる H^+ の物質量＝塩基が受け取る H^+ の物質量

解き方 塩化水素と水酸化ナトリウム NaOH 水溶液の中和では，未反応の NaOH が残る。残った NaOH は，塩酸を滴定してすべて中和される。

NaOHが受け取るH⁺の物質量	
塩化水素から生じるH⁺の物質量	塩酸から生じるH⁺の物質量

したがって，気体の塩化水素の物質量を x〔mol〕とすると，塩化水素から生じる H^+ の物質量も x〔mol〕で，中和の量的関係から

$$\underbrace{1 \times 2.00\,\text{mol/L} \times \frac{10.0}{1000}\,\text{L}}_{\text{NaOH が受け取る H}^+\text{の物質量}} = x\,\text{〔mol〕} + \underbrace{1 \times 1.00\,\text{mol/L} \times \frac{15.0}{1000}\,\text{L}}_{\text{塩酸から生じる H}^+\text{の物質量}}$$

$x = 5.0 \times 10^{-3}\,\text{mol}$

$0\,℃$，$1.013 \times 10^5\,\text{Pa}$ における気体のモル体積は $22.4\,\text{L}$ なので，$5.0 \times 10^{-3}\,\text{mol}$ の塩化水素の体積は，

$22.4\,\text{L/mol} \times 5.0 \times 10^{-3}\,\text{mol}$
$= 0.112\,\text{L} = 112\,\text{mL} = 1.1 \times 10^2\,\text{mL}$

答 $1.1 \times 10^2\,\text{mL}$

表現力UP↑
①式の計算で有効数字が2桁になった（$20.0-15.0=5.0$）ので，答は有効数字2桁にする。

教科書 p.157 TRY⑤ アンモニアを過剰量の希硫酸に吸収させた。この混合水溶液を水酸化ナトリウム水溶液で滴定するとき，メチルレッドではなくフェノールフタレインを指示薬に用いると，正確に終点が測定できない。それはなぜか。

解き方 混合水溶液中の硫酸 H_2SO_4 と水酸化ナトリウム NaOH が過不足なく中和をすると，塩として硫酸ナトリウム Na_2SO_4 が生じるが，液中にはアンモニア NH_3 と H_2SO_4 の中和でできた硫酸アンモニウム $(NH_4)_2SO_4$ が存在している。強酸と強塩基からなる Na_2SO_4 の水溶液は中性を示すが，強酸と弱塩基からなる $(NH_4)_2SO_4$ の水溶液は酸性を示す。

答 混合水溶液と水酸化ナトリウム水溶液の中和点において，混合液中には硫酸ナトリウムと硫酸アンモニウムが存在する。硫酸ナトリウム水溶液の液性は中性を示すが，硫酸アンモニウム水溶液の液性は酸性を示すため，混合液全体では酸性を示す。そのため，変色域を塩基性側にもつフェノールフタレインは，指示薬として使用できない。

教科書 p.157 Check

酸と塩基が過不足なく中和したとき，酸と塩基の間に成り立つ関係を説明しよう。

答 (酸から生じる H^+ の物質量)＝(塩基から生じる OH^- の物質量)

または，(酸から生じる H^+ の物質量)＝(塩基が受け取る H^+ の物質量)

が成り立つ。

したがって，a 価の酸 n〔mol〕と，a' 価の塩基 n'〔mol〕とが過不足なく中和するとき，

$$a \times n \text{〔mol〕} = a' \times n' \text{〔mol〕}$$

という関係が成り立つ。

また，c〔mol/L〕の a 価の酸の水溶液 V〔L〕と，c'〔mol/L〕の a' 価の酸の水溶液 V'〔L〕とが過不足なく中和するとき，

$$a \times c \text{〔mol/L〕} \times V \text{〔L〕} = a' \times c' \text{〔mol/L〕} \times V' \text{〔L〕}$$

という関係が成り立つ。

教科書 p.158 問 a

炭酸ナトリウム水溶液を塩酸で滴定した。次の各問に答えよ。

(1) 炭酸ナトリウム水溶液にフェノールフタレイン溶液を加え，塩酸を滴下した。第1中和点付近では，溶液は何色から何色に変化するか。

(2) (1)での色の変化を確認したのちに，メチルオレンジ溶液を加えて塩酸をさらに滴下した。第2中和点付近では，溶液は何色から何色に変化するか。

ポイント 　炭酸ナトリウムに塩酸を加えると，2段階の中和が起こる。

解き方 　炭酸ナトリウムに塩酸を加えると，次の2段階の中和が起こる。

$$Na_2CO_3 + HCl \longrightarrow NaCl + NaHCO_3 \quad \cdots (a)$$
$$NaHCO_3 + HCl \longrightarrow NaCl + H_2O + CO_2 \quad \cdots (b)$$

このとき，(a)の反応が完了してから(b)の反応が起こるため，滴定でのpHの変化は2段階になる。

(1) 第1中和点では，塩化ナトリウム $NaCl$ と炭酸水素ナトリウム $NaHCO_3$ の混合水溶液となり，弱い塩基性を示す。フェノールフタレイン溶液は赤色から無色に変化する。

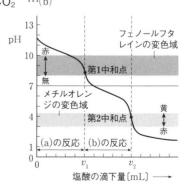

(2) 第2中和点では，NaCl と二酸化炭素 CO_2 の混合水溶液となり，水溶液は弱い酸性を示す。メチルオレンジは黄色から赤色に変化する。

答 (1) **赤色から無色** (2) **黄色から赤色**

教科書
p.159
問 b　水酸化ナトリウムと炭酸ナトリウムの混合水溶液 20.0 mL をはかりとり，指示薬としてフェノールフタレイン溶液を数滴加え，1.0 mol/L 塩酸で中和滴定を行った。塩酸を 15.0 mL 滴下したところで，水溶液の赤色が消えて無色になった。次に，この水溶液に指示薬としてメチルオレンジ溶液を加え，滴定を続けたところ，はじめから 20.0 mL の塩酸を加えたところで，水溶液が黄色から赤色に変化した。試料水溶液 20.0 mL に含まれていた水酸化ナトリウムの物質量は何 mol か。

ポイント　**二段階滴定における物質量の量的関係を考える。**

解き方　この二段階滴定における反応は次の通りである。

第1中和点まで　$NaOH + HCl \longrightarrow NaCl + H_2O$

　　　　　　　$Na_2CO_3 + HCl \longrightarrow NaCl + NaHCO_3$

第2中和点まで　$NaHCO_3 + HCl \longrightarrow NaCl + H_2O + CO_2$

NaOH と反応した HCl の物質量を x〔mol〕とすると，各物質の量的関係は次のようになる。

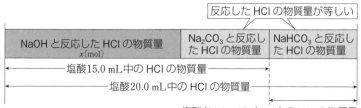

NaOH の物質量は NaOH と反応した HCl の物質量 x〔mol〕に等しい。
上の図より，x〔mol〕の HCl を含む塩酸の体積は
$15.0 - (20.0 - 15.0) = 10$ mL　である。

　x〔mol〕＝塩酸 10 mL 中の HCl の物質量

$$= 1.0 \text{ mol/L} \times \frac{10}{1000} \text{ L} = 1.0 \times 10^{-2} \text{ mol}$$

答 1.0×10^{-2} **mol**

節末問題のガイド
教科書 p.162〜163

❶ 酸・塩基の電離
関連：教科書 p.132〜133

例にならって，次の各酸・塩基の水溶液中での電離の式を記せ。

（例）　$HCl \longrightarrow H^+ + Cl^-$

(1) 硝酸　　(2) 酢酸　　(3) 水酸化カリウム　　(4) アンモニア

ポイント アンモニアは水と反応して OH^- を生じる。

解き方 (1) 水素イオン H^+ と硝酸イオン NO_3^- に電離する。

(2) 水素イオン H^+ と酢酸イオン CH_3COO^- に電離する。

(3) カリウムイオン K^+ と水酸化物イオン OH^- に電離する。

(4) 水と反応して，アンモニウムイオン NH_4^+ と水酸化物イオン OH^- が生じる。

答 (1) $HNO_3 \longrightarrow H^+ + NO_3^-$

(2) $CH_3COOH \rightleftharpoons CH_3COO^- + H^+$

(3) $KOH \longrightarrow K^+ + OH^-$

(4) $NH_3 + H_2O \rightleftharpoons NH_4^+ + OH^-$

表現力UP↑ (2)弱酸，(4)弱塩基は，逆反応も起こるので，両方向の矢印にする。

❷ ブレンステッド・ローリーの酸・塩基
関連：教科書 p.134

次の各変化において，下線部の物質は，酸・塩基のいずれとして働いているか。ブレンステッド・ローリーの酸・塩基の定義にもとづいて答えよ。

(ア) $H_2S + \underline{H_2O} \rightleftharpoons HS^- + H_3O^+$

(イ) $CO_3^{2-} + \underline{H_2O} \rightleftharpoons HCO_3^- + OH^-$

(ウ) $\underline{NH_4^+} + OH^- \rightleftharpoons NH_3 + H_2O$

(エ) $NH_3 + \underline{H_3O^+} \rightleftharpoons NH_4^+ + H_2O$

ポイント H^+ を与える物質が酸，H^+ を受け取る物質が塩基である。

解き方 (ア) H_2O は H_2S から H^+ を受け取って H_3O^+ になるので，塩基である。

(イ) H_2O は CO_3^{2-} に H^+ を与えて OH^- になるので，酸である。

(ウ) NH_4^+ は OH^- に H^+ を与えて NH_3 になるので，酸である。

(エ) H_3O^+ は NH_3 に H^+ を与えて H_2O になるので，酸である。

答 (ア) 塩基　(イ) 酸　(ウ) 酸　(エ) 酸

❸ 酸・塩基の分類　　　　　　　　　　　関連：教科書 p.135〜137

(A)〜(D)に該当するものを(ア)〜(ク)から選び，化学式で記せ。

(A)　1価の弱酸　　(B)　2価の強酸　　(C)　1価の弱塩基　　(D)　2価の強塩基

(ア)　硫酸　　(イ)　塩化水素　　(ウ)　酢酸　　(エ)　リン酸　　(オ)　アンモニア

(カ)　水酸化ナトリウム　　(キ)　水酸化カルシウム　　(ク)　水酸化銅(Ⅱ)

ポイント　酸・塩基の価数は，化学式を書いて調べる。

解き方

強酸	弱酸	価数	強塩基	弱塩基
(イ) HCl	(ウ) CH_3COOH	1	(カ) NaOH	(オ) NH_3
(ア) H_2SO_4		2	(キ) $Ca(OH)_2$	(ク) $Cu(OH)_2$
	(エ) H_3PO_4	3		

答 (A)　CH_3COOH　　(B)　H_2SO_4
(C)　NH_3　　(D)　$Ca(OH)_2$

思考力UP↑
1族(アルカリ金属)，2族の一部(Ca, Sr, Ba)の水酸化物は強塩基である。

❹ 酢酸の電離　　　　　　　　　　　関連：教科書 p.137

0.0100 mol/L の酢酸水溶液において，水素イオンおよび酢酸分子の濃度はそれぞれ何 mol/L か。ただし，酢酸の電離度を 0.0500 とする。

ポイント　電離していない酢酸分子の割合は(1−電離度)である。

解き方　酢酸 CH_3COOH は1価の酸なので，酢酸分子1個が電離すると H^+ が1個できる。したがって，電離度 0.0500，濃度 0.0100 mol/L の酢酸水溶液中の水素イオン濃度$[H^+]$は，

　$[H^+]=$モル濃度×電離度$=0.0100$ mol/L$\times0.0500=5.00\times10^{-4}$ mol/L

電離していない酢酸の割合は $(1-0.0500)$ なので，酢酸分子のモル濃度$[CH_3COOH]$は，

　$[CH_3COOH]=0.0100$ mol/L$\times(1-0.0500)$
　　　　　　　$=9.50\times10^{-3}$ mol/L

答 水素イオン濃度：**5.00×10^{-4} mol/L**
酢酸分子の濃度：**9.50×10^{-3} mol/L**

❺ 水溶液の pH

関連：教科書 p.139

(ア)～(エ)の pH の値を示す水溶液について，下の各問に答えよ。

(ア)　8.0　　　　(イ)　1.0　　　　(ウ)　12.0　　　　(エ)　3.0

(1)　塩基性の水溶液をすべて選び，記号で記せ。

(2)　各水溶液を，水素イオン濃度の大きい方から順に並べよ。

(3)　水溶液(ウ)の水素イオン濃度は何 mol/L か。

ポイント　pH＜7 は酸性，pH＝7 は中性，pH＞7 は塩基性。

解き方　(1)　pH の値が 7 より大きい(ア)，(ウ)は塩基性を示す。

(2)　pH の値が小さいほど，水素イオン濃度は大きい。

(3)　pH＝n のとき，水素イオン濃度[H^+]は 1.0×10^{-n} mol/L である。
pH＝12.0 では，[H^+]＝1.0×10^{-12} mol/L

答　(1)　(ア)，(ウ)　　　(2)　(イ)＞(エ)＞(ア)＞(ウ)　　　(3)　1.0×10^{-12} mol/L

❻ 塩とその性質

関連：教科書 p.144～147

次に示す塩について，下の各問に答えよ。

(ア) $NaHSO_4$　　　　(イ) $NaHCO_3$　　　　(ウ) NH_4Cl　　　　(エ) KNO_3

(オ) CH_3COONa　　　(カ) Na_2CO_3

(1)　正塩，酸性塩をそれぞれ選べ。

(2)　(ア)と(ウ)の塩について，もとの酸と塩基をそれぞれ化学式で記せ。

(3)　水に溶かしたとき，塩基性を示す塩をすべて選べ。

(4)　水酸化カルシウムと反応し，水蒸気以外の気体が発生する塩を選べ。

ポイント　化学式の中に酸のHも塩基の OH も残っていない塩を正塩，
酸のHが残っている塩を酸性塩という。

解き方　(1)　(ア)(イ)は，化学式中に酸のHが残っているので酸性塩，(ウ)～(カ)は酸のH
も塩基の OH も残っていないので正塩である。

(2)　それぞれ次のような中和によってできた塩である。

(ア)　$H_2SO_4 + NaOH \longrightarrow NaHSO_4 + H_2O$

(ウ)　$HCl + NH_3 \longrightarrow NH_4Cl$

(3)　弱酸と強塩基からなる正塩の水溶液は塩基性を示す。(ウ)～(カ)の正塩の
うち，(オ)は弱酸の酢酸 CH_3COOH と強塩基の水酸化ナトリウム NaOH
からなる正塩，(カ)は弱酸の炭酸 H_2CO_3 と強塩基の NaOH からなる正塩

なので，水溶液は塩基性を示す。また，(イ)の $NaHCO_3$ は弱酸と強塩基からなる酸性塩で，加水分解して水溶液は弱い塩基性を示す。

$$NaHCO_3 \longrightarrow Na^+ + HCO_3^- \qquad HCO_3^- + H_2O \rightleftharpoons H_2CO_3 + OH^-$$

(4)　水酸化カルシウム $Ca(OH)_2$ は強塩基なので，弱塩基の塩と反応させると弱塩基が遊離する。弱塩基の塩は(ウ)の塩化アンモニウム NH_4Cl で，$Ca(OH)_2$ と反応させると弱塩基のアンモニアが発生する。

$$Ca(OH)_2 + 2NH_4Cl \longrightarrow CaCl_2 + 2H_2O + 2NH_3$$

答　(1)　正塩：(ウ)，(エ)，(オ)，(カ)　　酸性塩：(ア)，(イ)

　　(2)　(ア)　酸：H_2SO_4　塩基：NaOH　　(ウ)　酸：HCl　塩基：NH_3

　　(3)　(イ)，(オ)，(カ)　　(4)　(ウ)

---

❼ 中和の量的関係

関連：教科書 p.148〜149

2.0 g の水酸化ナトリウムを完全に中和するために必要な 0.50 mol/L の硫酸水溶液の体積は何 mL か。

ポイント　酸から生じる H^+ の物質量＝塩基から生じる OH^- の物質量

解き方　水酸化ナトリウム NaOH のモル質量は，$23+16+1.0=40$ g/mol なので，NaOH 2.0 g の物質量は，$\dfrac{2.0\text{ g}}{40\text{ g/mol}}=0.050$ mol

H_2SO_4 は 2 価の酸，NaOH は 1 価の塩基なので，0.050 mol の NaOH を完全に中和するために必要な硫酸 H_2SO_4 水溶液の体積を V〔mL〕とすると，中和の量的関係は次のようになる。

$$1\times 0.050\text{ mol}=2\times 0.50\text{ mol/L}\times \frac{V}{1000}\text{ L} \qquad V=50\text{ mL}$$

答　**50 mL**

---

❽ 酸の強弱と中和

関連：教科書 p.148〜149

(1)，(2)のそれぞれについて，同体積の各水溶液を 0.10 mol/L の水酸化ナトリウム NaOH 水溶液で過不足なく中和するとき，必要な NaOH 水溶液の体積はどちらの方が多くなるか。ただし，同じ場合は「同じ」と記せ。

(1)　同じモル濃度の希塩酸と酢酸水溶液　　(2)　同じ pH の希塩酸と酢酸水溶液

ポイント　中和の量的関係に，酸の強弱は関係しない。

節末問題のガイド 第2節

解き方 (1) 塩酸も酢酸も1価の酸なので，同じモル濃度の同体積の水溶液から生じる H^+ の物質量は等しい。したがって，中和に必要な 0.10 mol/L 水酸化ナトリウム NaOH 水溶液の体積は同じである。

(2) 塩酸は強酸なので電離度はほぼ1で，完全に電離しているが，酢酸は弱酸なので一部しか電離していない。塩酸と酢酸水溶液のpHが等しく水素イオン濃度が等しい場合には，酢酸水溶液のモル濃度の方が塩酸のモル濃度よりも大きい。したがって，同体積の水溶液の中和に必要なNaOH水溶液の体積は，酢酸水溶液の方が多くなる。

答 (1) 同じ (2) 酢酸水溶液

❾ 混合水溶液のpH   関連：教科書 p.138〜139, 148〜149

0.30 mol/L の塩酸 10 mL に 0.10 mol/L の水酸化ナトリウム水溶液 10 mL を加えた。この混合水溶液の pH はいくらか。

ポイント 中和反応後の$[H^+]$を求める。

解き方 0.30 mol/L の塩酸 10 mL から生じる H^+ の物質量は

$$1 \times 0.30 \text{ mol/L} \times \frac{10}{1000} \text{ L} = 3.0 \times 10^{-3} \text{ mol}$$

0.10 mol/L の水酸化ナトリウム NaOH 水溶液 10 mL から生じる OH^- の物質量は，

$$1 \times 0.10 \text{ mol/L} \times \frac{10}{1000} \text{ L} = 1.0 \times 10^{-3} \text{ mol}$$

塩化水素，水酸化ナトリウムの電離度は，ともにほぼ1であることから，中和反応後の混合水溶液中に残った H^+ の物質量は，

$$3.0 \times 10^{-3} \text{ mol} - 1.0 \times 10^{-3} \text{ mol} = 2.0 \times 10^{-3} \text{ mol}$$

混合水溶液の体積は 20 mL なので，水素イオン濃度$[H^+]$は，

$$[H^+] = \frac{2.0 \times 10^{-3} \text{ mol}}{\frac{20}{1000} \text{ L}} = 1.0 \times 10^{-1} \text{ mol/L}$$

したがって，pH は1である。

答 1

テストに出る
$[H^+] = 10^{-n}$ のとき，$pH = n$

⑩ 中和滴定

関連：教科書 **p.150～153**

0.0500 mol/L のシュウ酸水溶液 10.0 mL を，器具Aを用いてはかり取り，器具Bに入れた水酸化ナトリウム水溶液で滴定したところ 12.5 mL を要した。また，食酢 10.0 mL に水を加えて 100.0 mL とし，その 10.0 mL を上記の水酸化ナトリウム水溶液で滴定したところ 9.0 mL を要した。次の各問に答えよ。

(1) 器具 A，B の名称を記せ。

(2) 水酸化ナトリウム水溶液の正確なモル濃度を求めよ。

(3) 薄める前の食酢中の酢酸のモル濃度と質量パーセント濃度をそれぞれ求めよ。ただし，食酢中の酸はすべて酢酸とし，食酢の密度は 1.0 g/cm^3 とする。

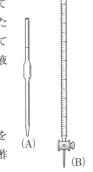

(A)

(B)

ポイント 酸から生じる H$^+$ の物質量＝塩基から生じる OH$^-$ の物質量

解き方 (1) A：一定体積の溶液を正確にはかり取る器具。B：滴下した溶液の体積を正確にはかる器具。

(2) シュウ酸は 2 価の酸，水酸化ナトリウム NaOH は 1 価の塩基なので，NaOH 水溶液の濃度を c_1〔mol/L〕とすると，シュウ酸水溶液と過不足なく中和した NaOH 水溶液は 12.5 mL だったことより，

$$2 \times 0.0500 \text{ mol/L} \times \frac{10.0}{1000} \text{ L} = 1 \times c_1 \text{〔mol/L〕} \times \frac{12.5}{1000} \text{ L}$$

$c_1 = 0.0800 \text{ mol/L} = 8.00 \times 10^{-2} \text{ mol/L}$

(3) 10.0 倍に薄めた食酢の酢酸のモル濃度を c_2〔mol/L〕とする。薄めた食酢 10.0 mL を中和するのに，NaOH 水溶液 9.0 mL を要したので，

$$1 \times c_2 \text{〔mol/L〕} \times \frac{10.0}{1000} \text{ L} = 1 \times 8.00 \times 10^{-2} \text{ mol/L} \times \frac{9.0}{1000} \text{ L}$$

$c_2 = 0.072 \text{ mol/L}$ となり，薄める前の食酢の濃度は 0.72 mol/L である。密度より食酢 1 L の質量は 1000 g。酢酸 CH$_3$COOH のモル質量は 60 g/mol なので，食酢 1 L 中の酢酸の質量は，60 g/mol × 0.72 mol ＝ 43.2 g したがって質量パーセント濃度は，

$$\frac{43.2 \text{ g}}{1000 \text{ g}} \times 100 = 4.32 \text{ \%} = 4.3 \text{ \%}$$

答 (1) A：ホールピペット　　B：ビュレット　　(2) 8.00×10^{-2} mol/L

(3) モル濃度：**0.72 mol/L**　　質量パーセント濃度：**4.3 %**

節末問題のガイド 第2節

⑪ 中和滴定曲線

関連：教科書 p.154〜155

酢酸水溶液と水酸化ナトリウム水溶液との中和滴定曲線は，(ア)〜(エ)のうちのどれか。グラフの横軸は，滴下した水酸化ナトリウム水溶液の体積を示す。

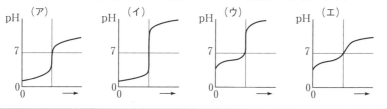

ポイント 始点の pH，中和点の pH，過剰のときの pH から判断する。

解き方 始点の pH は滴定される酢酸水溶液の pH である。酢酸は弱酸なので始点は弱酸性で，(ウ)，(エ)のように pH は大きい。中和によって生じた酢酸ナトリウム CH_3COONa は弱酸と強塩基からなる正塩なので水溶液は塩基性を示し，中和点の pH は 7 より大きい。強塩基の水酸化ナトリウムが過剰になると，(イ)，(ウ)のように強い塩基性を示し，pH が大きくなる。以上の 3 点の pH から判断し，適当なのは(ウ)である。

答 (ウ)

【論述問題】

⑫ 中和滴定と指示薬

関連：教科書 p.141, 154

水酸化ナトリウム水溶液を用いて，酢酸水溶液の滴定を行うとき，使用できる指示薬を次から選べ。また，その理由を記せ。
(ア) メチルオレンジ　　(イ) メチルレッド　　(ウ) フェノールフタレイン

ポイント 弱酸と強塩基の滴定では，中和点は塩基性側にある。

解き方 水酸化ナトリウムは強塩基，酢酸は弱酸である。弱酸と強塩基の中和点は塩基性領域にあるので，塩基性領域に変色域があるフェノールフタレインを選ぶ。

答 (ウ)
理由：**弱酸と強塩基の中和であり，中和点が塩基性側にあるから。**

⓫二酸化炭素の逆滴定

関連：教科書 **p.157**

0.0500 mol/L の水酸化バリウム Ba(OH)₂ 水溶液 50.0 mL に，ある量の二酸化炭素を吸収させると，二酸化炭素はすべて反応し，炭酸バリウム BaCO₃ の白色沈殿が生じた。

$$Ba(OH)_2 + CO_2 \longrightarrow BaCO_3 + H_2O$$

生じた沈殿を取り除き，未反応の水酸化バリウムを 0.100 mol/L の塩酸で滴定したところ，35.0 mL を要した。吸収された二酸化炭素は何 mol か。

ポイント 化学反応式の係数から，反応した水酸化バリウムの物質量と吸収された二酸化炭素の物質量は等しい。

解き方 0.0500 mol/L の水酸化バリウム Ba(OH)₂ 水溶液 50.0 mL に含まれる Ba(OH)₂ の物質量は

$$0.0500 \text{ mol/L} \times \frac{50.0}{1000} \text{ L} = 2.50 \times 10^{-3} \text{ mol} \quad \text{である。}$$

化学反応式から，Ba(OH)₂ と二酸化炭素 CO₂ は物質量比が１：１で反応することがわかる。したがって，Ba(OH)₂ に吸収された二酸化炭素の物質量を x〔mol〕とすると，二酸化炭素を吸収したあとに残った未反応の Ba(OH)₂ の物質量は，$(2.50 \times 10^{-3} - x)$ mol である。

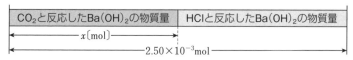

Ba(OH)₂ は２価の塩基，HCl は１価の酸である。

未反応の Ba(OH)₂ $(2.50 \times 10^{-3} - x)$ mol を，0.100 mol/L の塩酸 35.0 mL で完全に中和したことより，中和の量的関係は次のようになる。

$$2 \times (2.50 \times 10^{-3} - x) \text{ mol} = 1 \times 0.100 \text{ mol/L} \times \frac{35.0}{1000} \text{ L}$$

これを解いて，　$x = 7.50 \times 10^{-4}$ mol

したがって，Ba(OH)₂ に吸収された CO₂ の物質量は，7.50×10^{-4} mol である。

答 7.50×10^{-4} **mol**

第3節 酸化還元反応

教科書の整理

❶ 酸化と還元

教科書 p.166〜171

A 酸素・水素の授受と酸化・還元

①**酸化** 物質が酸素原子を受け取ったとき，または物質が水素原子を失ったとき，その物質は**酸化された**といい，この変化を酸化という。

②**還元** 物質が酸素原子を失ったとき，または**物質が水素原子を受け取った**とき，その物質は**還元された**といい，この変化を還元という。

③**酸化還元反応** 酸化と還元は常に同時に起こるので，これを酸化還元反応という。

> ⚠️ここに注意
>
> 酸化還元反応は「酸化された」「還元された」と受け身の形で表現することが多い。

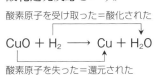

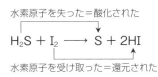

B 電子の授受と酸化・還元

・**物質が電子を失った**とき，その物質は**酸化された**という。

・**物質が電子を受け取った**とき，その物質は**還元された**という。

酸化・還元を電子の授受で定義すると，酸素や水素がかかわらない反応でも酸化還元反応と判断することができる。

> 🐛🐛もっと詳しく
>
> 電子の授受は同時に起こり，酸化と還元は常に同時に起こる。

例 $Cu + Cl_2 \longrightarrow CuCl_2$

$Cu \longrightarrow Cu^{2+} + 2e^-$ （Cuはe^-を失う＝酸化された）

$Cl_2 + 2e^- \longrightarrow 2Cl^-$ （Clはe^-を受け取る＝還元された）

C 原子の酸化数

①**酸化数** 物質中の原子間での電子の授受を表す数値で，これにより原子の酸化の程度を表す。

・単体中の原子の状態→酸化数0。

・電子を失った(酸化された)状態→酸化数は正の値。

・電子を受け取った(還元された)状態→酸化数は負の値。

> ⚠️ここに注意
>
> 酸化数は，0以外は，必ず＋，－の符号をつける。

原子の酸化数の取り決め

	取り決め	例
①	単体中の原子の酸化数は 0 とする。	$\underset{0}{H_2}$　$\underset{0}{O_2}$　$\underset{0}{Cl_2}$　$\underset{0}{Na}$
②	単原子イオン中の原子の酸化数は，イオンの電荷に等しい。	$\underset{+1}{Na^+}$　$\underset{+2}{Cu^{2+}}$　$\underset{-1}{Cl^-}$　$\underset{-2}{O^{2-}}$
③	化合物中の水素原子の酸化数は +1，酸素原子の酸化数は −2 とする。	$\underset{+1\ -2}{H_2O}$　$\underset{+1}{HCl}$　$\underset{-2}{CO_2}$
④	化合物中の各原子の酸化数の総和は 0 である。	H_2O　$(+1)\times2+(-2)=0$ $NaCl$　$(+1)+(-1)=0$
⑤	多原子イオン中の各原子の酸化数の総和は，多原子イオンの電荷に等しい。	H_3O^+　$(+1)\times3+(-2)=+1$ OH^-　$(-2)+(+1)=-1$
その他	・水素化ナトリウム NaH のような金属の水素化合物中の水素 H の酸化数は −1。 ・過酸化水素 H_2O_2 のような過酸化物では，酸素 O の酸化数は −1。 ・化合物中のアルカリ金属の原子の酸化数は +1，アルカリ土類金属の原子の酸化数は +2。	

D　酸化数の増減と酸化・還元

・化学変化の前後で，原子の**酸化数が増加**したとき，その原子は**酸化された**といい，その原子を含む物質は酸化されている。

・化学変化の前後で，原子の**酸化数が減少**したとき，その原子は**還元された**といい，その原子を含む物質は還元されている。

酸化数増加＝酸化された

$$\underset{+2-2}{2CuO} + \underset{0}{C} \longrightarrow \underset{0}{2Cu} + \underset{+4-2}{CO_2}$$

酸化数減少＝還元された

（反応の前後で酸素原子 O の酸化数は −2 で変化していないので，O は酸化も還元もされていない。）

② 酸化剤と還元剤の反応　　教科書 p.172〜178

A　酸化剤と還元剤

①**酸化剤**　酸化還元反応において**相手を酸化する物質**。自身は還元され，その中のいずれかの原子の酸化数が減少している。

②**還元剤**　酸化還元反応において**相手を還元する物質**。自身は酸化され，その中のいずれかの原子の酸化数が増加している。

酸化数減少（還元された）＝酸化剤

$$\underset{0}{2Mg} + \underset{0}{O_2} \longrightarrow \underset{+2-2}{2MgO}$$

酸化数増加（酸化された）＝還元剤

> **もっと詳しく**
>
> 酸化剤と還元剤のはたらきを e^- を用いた式（半反応式）で表すと，
>
> 酸化剤　$O_2 + 4e^- \longrightarrow 2O^{2-}$
>
> 還元剤　$Mg \longrightarrow Mg^{2+} + 2e^-$

B 酸化剤・還元剤の反応式

●酸化剤・還元剤の半反応式のつくり方
つくり方1 酸化数の変化に注目して組み立てる

つくり方	例 酸化剤 MnO_4^-
①左辺に反応前，右辺に反応後の物質を書く。	$MnO_4^- \longrightarrow Mn^{2+}$
②酸化数の変化を調べて，e^- を加える。	$\underset{+7}{MnO_4^-} \boxed{+5e^-} \longrightarrow \underset{+2}{Mn^{2+}}$ （Mn の酸化数が5減少⇒左辺に $5e^-$ を足す）
③両辺の電荷の合計が等しくなるように，水素イオン H^+ を加える。	$MnO_4^- \boxed{+8H^+} +5e^- \longrightarrow Mn^{2+}$ （両辺の電荷を +2 にする）
④両辺の水素原子Hの数が等しくなるように，水 H_2O を加える。	$MnO_4^- +8H^+ +5e^- \longrightarrow Mn^{2+} \boxed{+4H_2O}$ （左辺が $8H^+$⇒右辺に $4H_2O$ を加える）

つくり方2 酸素原子Oの数に注目して組み立てる

つくり方	例 還元剤 SO_2
①左辺に反応前，右辺に反応後の物質を書く。	$SO_2 \longrightarrow SO_4^{2-}$
②両辺の酸素原子 O の数が等しくなるように，水 H_2O を加える。	$SO_2 \boxed{+2H_2O} \longrightarrow SO_4^{2-}$ （両辺のOの数を4にする）
③両辺の水素原子Hの数が等しくなるように，水素イオン H^+ を加える。	$SO_2 +2H_2O \longrightarrow SO_4^{2-} \boxed{+4H^+}$ （両辺のHの数を4にする）
④両辺の電荷の合計が等しくなるように，e^- を加える。	$SO_2 +2H_2O \longrightarrow SO_4^{2-} +4H^+ +2e^-$ （左辺に合わせて，右辺の電荷も0にする）

C 酸化還元反応の化学反応式

●酸化還元反応の化学反応式のつくり方
例 硫酸酸性の過マンガン酸カリウム $KMnO_4$ 水溶液とシュウ酸$(HCOOH)_2$ 水溶液の反応

❶酸化剤と還元剤の半反応式を示す。

酸化剤 $MnO_4^- +8H^+ +5e^- \longrightarrow Mn^{2+} +4H_2O$ …①
還元剤 $(COOH)_2 \longrightarrow 2CO_2 +2H^+ +2e^-$ …②

❷2つの反応式の電子の数を等しくして電子を消去する。
①×2+②×5で e^- を消去し，イオン反応式をつくる。

$2MnO_4^- +6H^+ +5(COOH)_2$
$\longrightarrow 2Mn^{2+} +8H_2O +10CO_2$

⚠ここに注意
❷では，酸化剤が受け取る e^- の数と還元剤が失う電子の数が等しくなるように半反応式を組み合わせる。

❸左辺（反応物）に注目して，省略されていたイオンを加える。

左辺の $2MnO_4^-$ は $2KMnO_4$ から，$6H^+$ は $3H_2SO_4$ から生じたものなので，両辺に $2K^+$，$3SO_4^{2-}$ を加える。

$$2KMnO_4 + 3H_2SO_4 + 5(COOH)_2$$
$$\longrightarrow 2Mn^{2+} + 8H_2O + 10CO_2 + 2K^+ + 3SO_4^{2-}$$

❹右辺の残ったイオンから $2MnSO_4$，K_2SO_4 をつくり，整える。

$$2KMnO_4 + 3H_2SO_4 + 5(COOH)_2$$
$$\longrightarrow 2MnSO_4 + 8H_2O + 10CO_2 + K_2SO_4$$

> ⚠**ここに注意**
> ❸❹では，反応に関係しなかったイオンを両辺に加えて整理する。

D 酸化剤にも還元剤にもなる物質の反応

●**過酸化水素 H_2O_2 の反応**

《**酸化剤としてのはたらき**》

酸化剤としてはたらくときは，O の酸化数が -1 から -2 へと減少し，水 H_2O を生じる。

$$\underline{H_2O_2}_{-1} + 2H^+ + 2e^- \longrightarrow 2H_2\underline{O}_{-2}$$

過酸化水素は酸化剤としてはたらくことが多く，硫酸酸性のヨウ化カリウム KI 水溶液に過酸化水素水を加えると，ヨウ素 I_2 を生じて褐色の水溶液になる。

$$H_2O_2 + H_2SO_4 + 2KI \longrightarrow 2H_2O + I_2 + K_2SO_4$$

《**還元剤としてのはたらき**》

還元剤としてはたらくときは，O の酸化数が -1 から 0 へと増加し，酸素 O_2 を生じる。

$$\underline{H_2O_2}_{-1} \longrightarrow \underline{O_2}_{0} + 2H^+ + 2e^-$$

過酸化水素は，硫酸酸性の過マンガン酸カリウム $KMnO_4$ 水溶液のような強い酸化剤に対しては還元剤としてはたらく。

$$2KMnO_4 + 3H_2SO_4 + 5H_2O_2$$
$$\longrightarrow 2MnSO_4 + 5O_2 + 8H_2O + K_2SO_4$$

●**二酸化硫黄 SO_2 の反応**　二酸化硫黄は還元剤としてはたらくことが多いが，硫化水素 H_2S のような還元剤に対しては酸化剤としてはたらく。

$$SO_2 + 2H_2S \longrightarrow 3S + 2H_2O$$

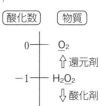

酸化数	物質
0	O_2
	⇧還元剤
-1	H_2O_2
	⇩酸化剤
-2	$H_2\underline{O}$

酸化数	物質
$+6$	SO_4^{2-}
	⇧還元剤
$+4$	SO_2
	⇩酸化剤
0	$\underline{S}$

教科書の整理　第３節

E 酸化剤・還元剤の強さの比較

①**酸化作用**（酸化力）　酸化剤が電子を受け取るはたらき。酸化作用が大きい物質ほど，強い酸化剤である。

②**還元作用**　還元剤が電子を与えるはたらき。還元作用が大きい物質ほど，強い還元剤である。

●**ハロゲンの単体の酸化作用**　ハロゲンの単体は電子を受け取って陰イオンになりやすいため，酸化作用を示す。酸化作用の強さは，次のようになる。

（強）　$Cl_2 > Br_2 > I_2$　（弱）

●**ハロゲン化物イオンの還元作用**　ハロゲン化物イオンの還元作用の強さは，次のようになる。

（強）　$I^- > Br^- > Cl^-$　（弱）

❸ 酸化還元の量的関係　　教科書 p.179〜181

①**酸化還元滴定**　濃度既知の酸化剤または還元剤の水溶液を用いて，濃度不明の還元剤または酸化剤の水溶液の濃度を求める操作。使用する器具や操作は，中和滴定とほぼ同じである。

●**酸化還元の量的関係**

酸化剤と還元剤が過不足なく反応するとき，次の関係が成り立つ。

酸化剤が受け取る電子 e^- の物質量＝還元剤が失う電子 e^- の物質量

例　硫酸酸性の水溶液中で酸化剤である過マンガン酸カリウム $KMnO_4$ 水溶液（濃度 c〔mol/L〕，体積 V〔L〕）と，還元剤である過酸化水素 H_2O_2 水溶液（濃度 c'〔mol/L〕，体積 V'〔L〕）とが過不足なく反応するとする。

酸化剤：$MnO_4^- + 8H^+ + 5e^- \longrightarrow Mn^{2+} + 4H_2O$

還元剤：$H_2O_2 \longrightarrow O_2 + 2H^+ + 2e^-$

$KMnO_4$ が受け取る e^- の物質量は $KMnO_4$ の物質量の5倍，H_2O_2 が失う e^- の物質量は H_2O_2 の物質量の2倍なので，酸化還元の量的関係は，

$$c \times V \times 5 \quad = \quad c' \times V' \times 2$$

酸化剤が受け取る電子の物質量　　還元剤が失う電子の物質量

もっと詳しく

過マンガン酸カリウム水溶液を用いて酸化還元滴定をすると，赤紫色が消えなくなることで終点がわかる。中和滴定のような指示薬はいらない。

教科書の整理　第３節

教科書
p.181 🖇 **Plusα** **オゾンの定量**

●**ヨウ素滴定**　ヨウ素やヨウ化物イオンを利用した酸化還元滴定。オゾンのほか，過酸化水素の定量にも用いられる。

●**ヨウ素デンプン反応**　ヨウ素滴定では指示薬としてデンプン水溶液が用いられる。デンプン水溶液はヨウ素の存在下では青紫色を示し，これをヨウ素デンプン反応という。ヨウ素がなくなると無色になるので，滴定の終点がわかる。

---

④ 金属のイオン化傾向　　　教科書 p.182〜187

A 金属のイオン化傾向

①**金属のイオン化傾向**　単体の金属が水溶液中で陽イオンになろうとする性質。

②**金属のイオン化列**　主な金属の単体を，イオン化傾向の大きい方から順に並べたもの。一般に H_2 よりもイオン化傾向の大きい金属は塩酸などと反応して水素を発生して溶ける。

Li K Ca Na Mg Al Zn Fe Ni Sn Pb H₂ Cu Hg Ag Pt Au

大 ←――― イオン化傾向（酸化のされやすさ） ―――→ 小

B 金属の反応性

①**不動態**　Al，Fe，Ni は濃硝酸に浸すと，表面に緻密な酸化物の皮膜が生じて内部を保護し，これ以上反応が進行しなくなる。このような状態を不動態という。

●**水との反応**

大・Li，K，Ca，Na：常温で水と激しく反応して水素 H_2 を発生し，水酸化物を生じる。

$$2Na + 2H_2O \longrightarrow 2NaOH + H_2$$

・Mg：熱水と反応して水素 H_2 を発生し，水酸化マグネシウム $Mg(OH)_2$ を生じる。

・Al，Zn，Fe：高温の水蒸気と反応して水素 H_2 を発生し，酸化物を生じる。

$$3Fe + 4H_2O \longrightarrow Fe_3O_4 + 4H_2$$

小・イオン化傾向が Ni 以下の金属は水と反応しない。

イオン化傾向（左縦書き）

> ⚠️**ここに注意**
>
> イオン化傾向が大きい金属は，陽イオンになりやすく酸化されやすいので，反応性が大きい。

●酸との反応

水素 H_2 よりイオン化傾向の大きい金属は，希硫酸や塩酸などと反応して水素を発生する。

> **⚠ここに注意**
>
> 鉛 Pb は水素よりイオン化傾向が大きいが，希硫酸や塩酸と反応して表面に難溶性の硫酸鉛(Ⅱ) $PbSO_4$ や塩化鉛(Ⅱ) $PbCl_2$ を生じるため，それ以上反応が進行しない。

●酸化力のある酸との反応

- Cu，Hg，Ag：塩酸や希硫酸とは反応しないが，硝酸や熱濃硫酸のような酸化力の強い酸には反応して溶ける。希硝酸では一酸化窒素，濃硝酸では二酸化窒素，熱濃硫酸では二酸化硫黄が発生する。

> **📖テストに出る**
>
> Al, Fe, Ni は，濃硝酸には不動態を生じるため，溶けない。

Cu と希硝酸　$3Cu + 8HNO_3 \longrightarrow 3Cu(NO_3)_2 + 4H_2O + 2NO$

Cu と濃硝酸　$Cu + 4HNO_3 \longrightarrow Cu(NO_3)_2 + 2H_2O + 2NO_2$

Cu と熱濃硫酸　$Cu + 2H_2SO_4 \longrightarrow CuSO_4 + 2H_2O + SO_2$

- Pt，Au：きわめて強い酸化作用を示す王水(濃塩酸と濃硝酸を体積比 3：1 で混合した溶液)と反応して溶ける。

●乾燥空気との反応

- Na や Ca：乾燥した空気中で速やかに酸化される。
- Mg や Al：空気中で徐々に酸化される。
- Fe や Cu：強熱すると酸化される。
- Ag，Pt，Au：湿った空気でも酸化されにくい。

> **🔍もっと詳しく**
>
> Al は，空気中で，表面に酸化アルミニウム Al_2O_3 の緻密な被膜を生じるので酸化が内部に進まない。

教科書 p.186　発展　イオン化列の指標

●**標準電極電位**(酸化還元電位)　金属のイオン化傾向の大小を決める値で，H_2 が H^+ になって電子を放出するときの値を基準(0 V)として，金属の水溶液中での電子の放出のしやすさを表す相対値。値が小さいほどイオン化傾向が大きい。

教科書 p.187　Plusα　金属のさびとその防食

●**めっき**　金属などの表面を他の金属の薄膜で覆うこと。鉄などの酸化されやすい金属に，酸化を防ぐために施される。

- トタン：鉄に亜鉛のめっきを施したもの。
- ブリキ：鉄にスズのめっきを施したもの。

❺ 電池—酸化還元反応の利用—　教科書 p.188～193

A 電池の原理

①**電池**（化学電池）　酸化還元反応を利用して化学エネルギーを電気エネルギーに変換する装置。

②**負極**　電子が流れ出る電極。電子を放出する変化（酸化）が起こる。

③**正極**　電子が流れこむ電極。電子を受け取る変化（還元）が起こる。

④**電池の起電力**　正極と負極の間の電位差（電圧）。

⑤**放電**　電池の両極を電球などと導線で接続し、電流を通じる操作。

もっと詳しく

2種類の金属を電極に使った電池では、イオン化傾向の大きい金属が負極になる。
2種類の金属のイオン化傾向の差が大きいほど、起電力が大きい。

教科書の整理　第３節

教科書 p.188　Plusα　**現在の電池の原型－ボルタ電池－**

●**ボルタ電池**　1800年にボルタ（イタリア）が考案した、亜鉛板と銅板を希硫酸に浸した電池。　$(-)Zn \mid H_2SO_4\,aq \mid Cu(+)$

負極：$Zn \longrightarrow Zn^{2+} + 2e^-$　（酸化）

正極：$2H^+ + 2e^- \longrightarrow H_2$　（還元）

B ダニエル電池

①**ダニエル電池**　1836年にダニエル（イギリス）が考案した、亜鉛板を硫酸亜鉛水溶液に浸したものと、銅板を硫酸銅（Ⅱ）水溶液に浸したものを素焼き板で仕切った構造の電池。

$(-)Zn \mid ZnSO_4\,aq \mid CuSO_4\,aq \mid Cu(+)$*

負極：$Zn \longrightarrow Zn^{2+} + 2e^-$　（酸化）

正極：$Cu^{2+} + 2e^- \longrightarrow Cu$　（還元）

*電池の構成を、$(-)$負極｜電解質水溶液｜正極$(+)$ の形で表す。

②**活物質**　正極や負極で実際に反応する酸化剤、還元剤のこと。ダニエル電池では、正極活物質は $Cu^{2+}(CuSO_4)$、負極活物質は Zn である。

C 身近な電池

①**充電**　電池を外部の電源につないでエネルギーを与え、放電とは逆向きの反応を起こして起電力を回復する操作。

②**一次電池**　充電できず、低下した起電力を回復できない電池。

　例　マンガン乾電池、アルカリマンガン乾電池

③**二次電池（蓄電池）** 充電ができる電池。

　例 リチウムイオン電池，鉛蓄電池

④**燃料電池** 水素などを燃料に用いて電流を取り出す装置。

D マンガン乾電池 [発展]

①**乾電池** 電解質の水溶液をペースト状にして，持ち運びやすいように工夫した一次電池。

②**マンガン乾電池** 代表的な乾電池。負極活物質に亜鉛 Zn，正極活物質に酸化マンガン MnO_2，電解質に塩化亜鉛 $ZnCl_2$ や塩化アンモニウム NH_4Cl を用いる。起電力は約 1.5 V。

　$(-)Zn \mid ZnCl_2\,aq,\ NH_4Cl\,aq \mid MnO_2 \cdot C(+)$

③**アルカリマンガン乾電池** 負極活物質と正極活物質はマンガン乾電池と同じで，電解質に水酸化カリウム KOH を用いる。起電力約 1.5 V。大きい電流を長時間取り出すことができる。

　$(-)Zn \mid KOH\,aq \mid MnO_2(+)$

E 鉛蓄電池 [発展]

①**鉛蓄電池** 自動車の電源に用いられる二次電池。負極活物質は鉛 Pb，正極活物質は酸化鉛(Ⅳ)PbO_2，電解質水溶液は希硫酸 H_2SO_4 である。

　$(-)Pb \mid H_2SO_4\,aq \mid PbO_2(+)$

　負極：$Pb + SO_4^{2-} \longrightarrow PbSO_4 + 2e^-$ （酸化）

　正極：$PbO_2 + 4H^+ + SO_4^{2-} + 2e^-$
　　　　　　$\longrightarrow PbSO_4 + 2H_2O$ （還元）

鉛蓄電池の放電と充電における変化は，次のようになる。

　$Pb + 2H_2SO_4 + PbO_2 \overset{放電}{\underset{充電}{\rightleftharpoons}} 2PbSO_4 + 2H_2O$

F 燃料電池 [発展]

①**燃料電池** 水素などの燃料と酸素を用いて，負極で酸化反応，正極で還元反応を起こし，電流を取り出す装置。

・リン酸型燃料電池　　$(-)Pt \cdot H_2 \mid H_3PO_4\,aq \mid O_2 \cdot Pt(+)$

　　負極：$H_2 \longrightarrow 2H_2 + 2e^-$ （酸化）

　　正極：$O_2 + 4H^+ + 4e^- \longrightarrow 2H_2O$ （還元）

　　全体：$2H_2 + O_2 \longrightarrow 2H_2O$

もっと詳しく

放電を続けると希硫酸は薄くなり，両電極とも硫酸鉛(Ⅱ)$PbSO_4$ におおわれて，質量が大きくなる。

❻ 金属の製錬

教科書 p.194〜195

A 製錬

①**製錬**　鉱石から金属の単体を取り出す操作。

B 鉄の製錬

①**銑鉄**　鉄の製錬では，溶鉱炉に赤鉄鉱(主成分 Fe_2O_3)などの鉄鉱石，コークス，石灰石を溶鉱炉に入れて熱風を吹きこみ，鉄鉱石(主成分は鉄の酸化物)を還元する。この還元によって得られる鉄を銑鉄という。炭素を約4％含み，かたくてもろい。銑鉄は鋳物としてマンホールのふたなどに用いられる。

②**鋼**　融解した銑鉄を転炉に移して酸素を吹きこみ，炭素の含有量を 0.02〜2％に減少させると鋼になる。鋼はかたくてねばり強いので，建築材料などに用いられる。

> **もっと詳しく**
> 溶鉱炉では，コークスの燃焼によってできた一酸化炭素 CO によって鉄鉱石を還元する。

C 銅の製錬

①**精錬**　製錬により得られた金属から不純物を取り除き，金属の純度を高める操作。

②**電解精錬**　電気分解を利用して，金属の純度を高める操作。銅の精錬では，製錬によって得られた純度約99％の粗銅に電解精錬を行って金，銀，鉄などの不純物を取り除き，純度を約99.99％に高めている。

> **もっと詳しく**
> **銅の製錬**
> ①溶鉱炉に黄銅鉱(主成分 $CuFeS_2$)，ケイ砂，石灰石を入れて加熱し，硫化銅(I)Cu_2S を得る。
> ②これを融解して転炉で強熱して硫黄 S を除き，粗銅を得る。
> ③粗銅から電解精錬により不純物を取り除き，純銅を得る。

D 溶融塩電解

①**溶融塩電解**(融解塩電解)　イオン化傾向の大きい金属の塩や酸化物を加熱・融解し，これを電気分解して金属の単体を得る操作。アルカリ金属，アルカリ土類金属，アルミニウムなどの単体は溶融塩電解によって得られる。

教科書 p.195 **Plusα　電気めっき**

●**電気めっき**　電気分解を利用して金属の表面にめっきを施す方法。
・クロムめっき：クロムイオンを含む水溶液の電気分解により，他の金属の表面にクロムの薄膜を形成することをクロムめっきという。鉄にクロムめっきをしたものは，水道の蛇口の金具などに使われている。

❼ 電気分解 [発展] 教科書 p.196〜201

A 水溶液の電気分解

①**陰極** 電源の負極に接続した電極。還元反応が起こる。

②**陽極** 電源の正極に接続した電極。酸化反応が起こる。

③**電気分解(電解)** 電解質の水溶液に2つの電極を浸し、外部の電源に接続すると、陰極では還元反応、陽極では酸化反応が起こる。このような操作を、電気分解という。

●**電極における変化**

・陰極：最も還元されやすいイオンや分子が電子を受け取る。Na^+, Mg^{2+} などイオン化傾向の大きい金属のイオンを含む水溶液では、水 H_2O や H^+ が還元される。

$$2H_2O + 2e^- \longrightarrow H_2 + 2OH^-$$
$$2H^+ + 2e^- \longrightarrow H_2 \quad (酸性の水溶液の場合)$$

・陽極：最も酸化されやすいイオンや分子が電子を失う。酸化されにくい硝酸イオン NO_3^- や硫酸イオン SO_4^{2-} を含む水溶液では、水 H_2O が酸化される。$NaOH$ 水溶液のような塩基性の水溶液では、OH^- が酸化される。

$$2H_2O \longrightarrow O_2 + 4H^+ + 4e^-$$
$$4OH^- \longrightarrow 2H_2O + O_2 + 4e^- \quad (塩基性の水溶液の場合)$$

●**水の電気分解**

白金板を電極として、希硫酸 H_2SO_4 を電気分解する。

陰極：$2H^+ + 2e^- \longrightarrow H_2$ （還元、水素が発生）
陽極：$2H_2O \longrightarrow O_2 + 4H^+ + 4e^-$ （酸化、酸素が発生）
全体：$2H_2O \longrightarrow 2H_2 + O_2$

B 電気分解の応用

①**陽極泥** 銅の電解精錬において、粗銅に含まれる銅よりイオン化傾向の小さい金 Au や銀 Ag は、まわりの銅が溶け出すと、そのまま単体として陽極の下に沈殿する。これを陽極泥という。

●**銅の電解精錬** 粗銅板を陽極、純銅板を陰極として、硫酸で酸性にした硫酸銅(Ⅱ)水溶液の電気分解を行うと、陰極に純銅(純度約99.99%)が析出する。

⚠ここに注意 イオン化傾向が大きい金属イオンを含む酸性溶液中では、陰極で H^+ が還元される。

⚠ここに注意 陽極が、金や白金以外の金属の場合は、陽極の金属が酸化されて陽イオンとなって溶け出す。

🔍もっと詳しく 陽極泥に含まれる金や銀は回収されている。

- **アルミニウムの溶融塩電解**　鉱石のボーキサイトから得られた酸化アルミニウム Al_2O_3 を加熱して融解させ，この液を電気分解すると陰極に Al が析出する。
- **イオン交換膜法**　陰極側と陽極側を陽イオン交換膜で仕切って，塩化ナトリウム $NaCl$ 水溶液を電気分解し，工業的に水酸化ナトリウム $NaOH$ と塩素 Cl_2 を製造する方法。

　　陰極：$2H_2O + 2e^- \longrightarrow H_2 + 2OH^-$　（還元）

陽極側の Na^+ が陽イオン交換膜を通って陰極側に移動してくるので，陰極側には $NaOH$ ができる。

　　陽極：$2Cl^- \longrightarrow Cl_2 + 2e^-$　（酸化）

陰極で生成した $NaOH$ と陽極で Cl_2 が反応しないように，陽イオン交換膜で仕切っている。全体では次のようになる。

　　全体：$2NaCl + 2H_2O \longrightarrow 2NaOH + H_2 + Cl_2$

もっと詳しく
陽イオン交換膜は，陽イオンだけを通過させる高分子の膜である。

教科書の整理　第 3 節

C　電気分解における量的関係

①**電気量**　電流の強さ〔A〕と電流を通じた時間〔s〕の積で表される。単位はクーロン（記号 C）

電気量〔C〕＝電流〔A〕×時間〔s〕

②**ファラデーの電気分解の法則**　水溶液の電気分解の量的関係について，1833 年にファラデー（イギリス）が見いだした法則。

> ①電極で反応したり，生成したりするイオンや物質の物質量は，流れた電気量に比例する。
> ②同じ電気量によって反応したり，生成したりするイオンの物質量は，そのイオンの価数に反比例する。

③**ファラデー定数**　1 価のイオン 1 mol を電気分解するのに必要な電気量の絶対値は，1 mol の電子のもつ電気量の絶対値に等しく，これをファラデー定数 F という。

電子 1 個のもつ電気量の絶対値を e〔C〕，アボガドロ定数を N_A〔/mol〕とすると，

　　$F = e \times N_A = 9.65 \times 10^4$ C/mol

④**電気素量**　電子 1 個がもつ電気量の絶対値を電気素量という。その値は，$1.602176634 \times 10^{-19}$ C

ここに注意
1 A の電流が 1 秒間流れたときの電気量が 1 C。

実験のガイド

教科書 p.182 | 実 験 | 6. 金属のイオン化傾向の違いを見る

考察 金属ごとに変化をまとめる。

● 銀　硫酸銅(Ⅱ)$CuSO_4$ 水溶液に入れる──変化なし。

硫酸亜鉛 $ZnSO_4$ 水溶液に入れる──変化なし。

銀 Ag は，銅 Cu，亜鉛 Zn のどちらよりもイオンになりにくい。

イオン化傾向は，Cu＞Ag，Zn＞Ag

● 銅　硝酸銀 $AgNO_3$ 水溶液に入れる──銀が析出する。

硫酸亜鉛水溶液に入れる──変化なし。

銅は銀よりもイオンになりやすく，亜鉛よりもイオンになりにくい。

イオン化傾向は，Cu＞Ag，Zn＞Cu

● 亜鉛　硝酸銀水溶液に入れる──銀が析出する。

硫酸銅水溶液に入れる──銅が析出する。

亜鉛は銀，銅のどちらよりもイオンになりやすい。

イオン化傾向は，Zn＞Ag，Zn＞Cu

以上の結果から，銀，銅，亜鉛のイオン化傾向の大小は Zn＞Cu＞Ag である。

金属板の表面に析出した金属は木の枝のように見えるので，**金属樹**という。

教科書 p.189 | 実 験 | 7. ダニエル電池を製作する

方法 セロハン膜には小さな穴があいていて，水溶液どうしは混じり合わないが，穴を通って硫酸亜鉛 $ZnSO_4$ 水溶液中の亜鉛イオン Zn^{2+} は正極側に，硫酸銅(Ⅱ)$CuSO_4$ 水溶液中の硫酸イオン SO_4^{2-} は陰極側に移動する。2枚のろ紙が接触すると，水溶液が混じり合ってしまうので注意する。

考察 セロハン膜をガラス板に変えると，2つの水溶液の間で電気を運ぶはたらきをするイオンが移動できなくなるので起電力は0になる。

問・TRY・Checkのガイド

教科書 p.167
問 1

次の下線をつけた物質は，酸化されたか，還元されたか。

(1) $2\underline{CuO} + C \longrightarrow 2Cu + CO_2$

(2) $2\underline{Mg} + CO_2 \longrightarrow 2MgO + C$

ポイント　酸素原子を受け取る→酸化された　失う→還元された

解き方 (1) 酸化銅(Ⅱ)CuO は，酸素原子Oを失って銅Cuになった。

(2) マグネシウムMgは酸素原子Oを受け取って酸化マグネシウムMgOになった。

答 (1) 還元された　　(2) 酸化された

教科書 p.167
問 2

次の下線をつけた物質は，酸化されたか，還元されたか。

(1) $H_2S + \underline{Cl_2} \longrightarrow 2HCl + S$

(2) $H_2O_2 + \underline{H_2S} \longrightarrow 2H_2O + S$

ポイント　水素原子を失う→酸化された　受け取る→還元された

解き方 (1) 塩素 Cl_2 は水素原子Hを受け取って，塩化水素HClになった。

(2) 硫化水素 H_2S は水素原子Hを失って，硫黄Sになった。

答 (1) 還元された　　(2) 酸化された

教科書 p.168
問 3

次の酸化還元反応で，酸化された物質，還元された物質を化学式で答えよ。

(1) $Mg + Cl_2 \longrightarrow MgCl_2$

(2) $2Al + 6H^+ \longrightarrow 2Al^{3+} + 3H_2$

(3) $Cl_2 + 2Br^- \longrightarrow 2Cl^- + Br_2$

(4) $Cu^{2+} + Zn \longrightarrow Cu + Zn^{2+}$

ポイント　電子を失う→酸化された　電子を受け取る→還元された

解き方　各反応で，それぞれの物質の電子の授受を表す。

(1) $Mg + Cl_2 \longrightarrow MgCl_2$

$Mg \longrightarrow Mg^{2+} + 2e^-$ （e^- を失う＝酸化された）

$Cl_2 + 2e^- \longrightarrow 2Cl^-$ （e^- を受け取る＝還元された）

思考力UP↑

電子を失うときは左辺に e^-，電子を受け取るときは右辺に e^- を書く。

(2) $2Al + 6H^+ \longrightarrow 2Al^{3+} + 3H_2$

$2Al \longrightarrow 2Al^{3+} + 6e^-$　（e^- を失う＝酸化された）

$6H^+ + 6e^- \longrightarrow 3H_2$　（e^- を受け取る＝還元された）

(3) $Cl_2 + 2Br^- \longrightarrow 2Cl^- + Br_2$

$Cl_2 + 2e^- \longrightarrow 2Cl^-$　（e^- を受け取る＝還元された）

$2Br^- \longrightarrow Br_2 + 2e^-$　（e^- を失う＝酸化された）

(4) $Cu^{2+} + Zn \longrightarrow Cu + Zn^{2+}$

$Cu^{2+} + 2e^- \longrightarrow Cu$　（e^- を受け取る＝還元された）

$Zn \longrightarrow Zn^{2+} + 2e^-$　（e^- を失う＝酸化された）

答(1)　酸化された物質：Mg　　還元された物質：Cl_2

(2)　酸化された物質：Al　　還元された物質：H^+

(3)　酸化された物質：Br^-　　還元された物質：Cl_2

(4)　酸化された物質：Zn　　還元された物質：Cu^{2+}

教科書 p.170 問 4　下線部の Cl の酸化数を求めよ。

(1)　塩化水素 H$\underline{Cl}$　　(2)　過塩素酸 H$\underline{Cl}O_4$　　(3)　塩素酸 H$\underline{Cl}O_3$

(4)　亜塩素酸 H$\underline{Cl}O_2$　　(5)　次亜塩素酸 H$\underline{Cl}O$

ポイント　化合物中の各原子の酸化数の総和は 0 になる。

解き方　H の酸化数を $+1$，O の酸化数を -2，Cl の酸化数を x として，化合物中の各原子の酸化数の総和を 0 とする方程式をつくる。

(1)　$(+1) + x = 0$　$x = -1$

(2)　$(+1) + x + (-2) \times 4 = 0$　$x = +7$

(3)　$(+1) + x + (-2) \times 3 = 0$　$x = +5$

(4)　$(+1) + x + (-2) \times 2 = 0$　$x = +3$

(5)　$(+1) + x + (-2) \times 1 = 0$　$x = +1$

答(1)　-1　　(2)　$+7$　　(3)　$+5$　　(4)　$+3$　　(5)　$+1$

教科書 p.170 問5 次の化学式の下線部の原子の酸化数を求めよ。

(1) $\underline{Cl}_2$　(2) $\underline{N}H_3$　(3) $\underline{N}O_3^-$　(4) $\underline{Cu}O$　(5) $H_2\underline{S}O_4$

(6) $\underline{Mn}O_2$　(7) $\underline{Fe}_2O_3$　(8) $H_2\underline{C}_2O_4$　(9) $\underline{C}O_3^{2-}$　(10) $K_2\underline{Cr}_2O_7$

ポイント 多原子イオン中の各原子の酸化数の総和は，イオンの電荷に等しい。

解き方 Hの酸化数を $+1$，Oの酸化数を -2，下線部の原子の酸化数を x として，方程式をつくる。

(1) 単体中の原子の酸化数は0である。

(2) $x+(+1)\times3=0$　$x=-3$

(3) $x+(-2)\times3=-1$　$x=+5$

(4) $x+(-2)=0$　$x=+2$

(5) $(+1)\times2+x+(-2)\times4=0$　$x=+6$

(6) $x+(-2)\times2=0$　$x=+4$

(7) $2x+(-2)\times3=0$　$x=+3$

(8) $(+1)\times2+2x+(-2)\times4=0$　$x=+3$

(9) $x+(-2)\times3=-2$　$x=+4$

(10) カリウムKはアルカリ金属なので，酸化数は $+1$ である。

　$(+1)\times2+2x+(-2)\times7=0$　$x=+6$

答 (1) 0　(2) -3　(3) $+5$　(4) $+2$　(5) $+6$

(6) $+4$　(7) $+3$　(8) $+3$　(9) $+4$　(10) $+6$

教科書 p.171 問6 次の各反応について，各原子の酸化数の増減を調べ，酸化された物質および還元された物質をそれぞれ化学式で示せ。

(1) $Fe + H_2SO_4 \longrightarrow FeSO_4 + H_2$

(2) $2F_2 + 2H_2O \longrightarrow 4HF + O_2$

(3) $N_2 + 3H_2 \longrightarrow 2NH_3$

(4) $2Mg + CO_2 \longrightarrow 2MgO + C$

ポイント 酸化数が増加→酸化された　酸化数が減少→還元された

解き方 それぞれの原子の酸化数を下線の下に示す。

(1) $\underset{0}{Fe} + \underset{+1}{H_2}SO_4 \longrightarrow \underset{+2}{Fe}SO_4 + \underset{0}{H_2}$

鉄 Fe は，酸化数が $0 \to +2$ に増加したので酸化された。

硫酸 H_2SO_4 中のHの酸化数が $+1 \to 0$ に減少したので還元された。

(2) $2\underline{F}_2 + 2H_2\underline{O} \longrightarrow 4H\underline{F} + \underline{O}_2$
   $\quad 0 \qquad\quad -2 \qquad\quad -1 \quad\; 0$

フッ素 F_2 中のFの酸化数が $0 \to -1$ に減少したので還元された。

水 H_2O 中のOの酸化数が $-2 \to 0$ に増加したので酸化された。

(3) $\underline{N}_2 + 3\underline{H}_2 \longrightarrow 2\underline{N}\underline{H}_3$
   $\;0 \qquad 0 \qquad\quad -3 +1$

窒素 N_2 中のNの酸化数が $0 \to -3$ に減少したので還元された。

水素 H_2 中のHの酸化数が $0 \to +1$ に増加したので酸化された。

(4) $2\underline{Mg} + \underline{C}O_2 \longrightarrow 2\underline{Mg}O + \underline{C}$
   $\quad 0 \qquad +4 \qquad\quad +2 \qquad 0$

マグネシウム Mg は，酸化数が $0 \to +2$ に増加したので酸化された。

二酸化炭素 CO_2 中のCの酸化数が $+4 \to 0$ に減少したので還元された。

答(1) 酸化された物質：Fe　　還元された物質：H_2SO_4

(2) 酸化された物質：H_2O　　還元された物質：F_2

(3) 酸化された物質：H_2　　還元された物質：N_2

(4) 酸化された物質：Mg　　還元された物質：CO_2

教科書 p.171 Check 問1～問3を酸化数の増減に着目して解き直し，O，H，e^- の授受による定義と酸化数による定義が合っているかを確認しよう。

解き方 各原子の酸化数の変化を調べ，酸化された物質は酸化数が増加した原子を含むこと，還元された物質は酸化数が減少した物質を含むことを確認する。

答それぞれの原子の酸化数を下線の下に示す。

問1 (1) $2\underline{Cu}O + \underline{C} \longrightarrow 2\underline{Cu} + \underline{C}O_2$
   $\quad\;\; +2 \qquad 0 \qquad\quad 0 \qquad +4$

CuO は酸素を失い還元された $\Rightarrow$ Cu の酸化数は $+2 \to 0$ に減少

C は酸素を受け取り酸化された $\Rightarrow$ Cの酸化数は $0 \to +4$ に増加

(2) $2\underline{Mg} + \underline{C}O_2 \longrightarrow 2\underline{Mg}O + \underline{C}$
   $\quad 0 \qquad +4 \qquad\quad +2 \qquad 0$

Mg は酸素を受け取り酸化された $\Rightarrow$ Mg の酸化数は $0 \to +2$ に増加

CO_2 は酸素を失い還元された $\Rightarrow$ Cの酸化数は $+4 \to 0$ に減少

問2　(1)　$\underline{H_2S} + \underline{Cl_2} \longrightarrow 2H\underline{Cl} + \underline{S}$
　　　　　$\quad{-2}\quad\ {0}\qquad\qquad\ {-1}\quad\ {0}$

　　H_2S は水素を失い酸化された ⇒ Sの酸化数は $-2 \rightarrow 0$ に増加

　　Cl_2 は水素を受け取り還元された ⇒ Cl の酸化数は $0 \rightarrow -1$ に減少

(2)　$\underline{H_2O_2} + \underline{H_2S} \longrightarrow 2H_2\underline{O} + \underline{S}$
　　　$\quad{-1}\qquad\ {-2}\qquad\qquad{-2}\quad\ {0}$

　　H_2O_2 は水素を受け取り還元された ⇒ Oの酸化数は $-1 \rightarrow -2$ に減少

　　H_2S は水素を失って酸化された ⇒ Sの酸化数は -2 から 0 に増加

問3　(1)　$\underline{Mg} + \underline{Cl_2} \longrightarrow \underline{MgCl_2}$
　　　　　$\quad{0}\qquad{0}\qquad\qquad\ {+2}\ {-1}$

　　Mg は電子を失い酸化された ⇒ Mg の酸化数は $0 \rightarrow +2$ に増加

　　Cl_2 は電子を受け取り還元された ⇒ Cl の酸化数は 0 から -1 に減少

(2)　$2\underline{Al} + 6\underline{H}^+ \longrightarrow 2\underline{Al}^{3+} + 3\underline{H_2}$
　　　$\ {0}\qquad\ {+1}\qquad\qquad{+3}\qquad\ {0}$

　　Al は電子を失い酸化された ⇒ Al の酸化数は $0 \rightarrow +3$ に増加

　　H^+ は電子を受け取り還元された ⇒ Hの酸化数は $+1 \rightarrow 0$ に減少

(3)　$\underline{Cl_2} + 2\underline{Br}^- \longrightarrow 2\underline{Cl}^- + \underline{Br_2}$
　　　$\ {0}\qquad\ {-1}\qquad\qquad{-1}\qquad\ {0}$

　　Cl_2 は電子を受け取り還元された ⇒ Cl の酸化数は $0 \rightarrow -1$ に減少

　　Br^- は電子を失い酸化された ⇒ Br の酸化数は $-1 \rightarrow 0$ に増加

(4)　$\underline{Cu}^{2+} + \underline{Zn} \longrightarrow \underline{Cu} + \underline{Zn}^{2+}$
　　　$\ {+2}\qquad\ {0}\qquad\qquad{0}\qquad\ {+2}$

　　Cu^{2+} は電子を受け取り還元された ⇒ Cu の酸化数は $+2 \rightarrow 0$ に減少

　　Zn は電子を失い酸化された ⇒ Zn の酸化数は $0 \rightarrow +2$ に増加

教科書 p.172 TRY ①　家庭用漂白剤には，塩素系の漂白剤以外にどのようなものがあるか。

答　塩素系漂白剤のほかに酸素系漂白剤がある。液体の酸素系漂白剤の主成分は過酸化水素 H_2O_2 で，粉末状のものも水に溶けると H_2O_2 を生じる。H_2O_2 はOの酸化数が減少し，酸化剤としてはたらく。

　酸性の水溶液中：　$\underline{H_2O_2} + 2H^+ + 2e^- \longrightarrow 2H_2\underline{O}$
　　　　　　　　　　$\quad{-1}\qquad\qquad\qquad\qquad\ {-2}$

　塩基性の水溶液中：$\underline{H_2O_2} + 2e^- \longrightarrow 2\underline{O}H^-$
　　　　　　　　　　$\quad{-1}\qquad\qquad\qquad\ {-2}$

教科書
p.174
問 7

(1) SO_2 が S に変化する反応を，半反応式で表せ。

(2) H_2O_2 が O_2 に変化する反応を，半反応式で表せ。

ポイント　**酸化数の変化や酸素の数の変化に注目する。**

解き方 (1) Oの数が変化している⇒Oの変化に注目して半反応式を組み立てる。

①変化を矢印で結んで表す。　　$SO_2 \longrightarrow S$

②両辺のOの数が等しくなるように，H_2O を加える。

$SO_2 \longrightarrow S \boxed{+ 2H_2O}$

③両辺の水素原子Hの数が等しくなるようにH⁺を加える。

$SO_2 \boxed{+ 4H^+} \longrightarrow S + 2H_2O$

④両辺の電荷の合計が等しくなるように，e⁻を加える。

$SO_2 + 4H^+ \boxed{+ 4e^-} \longrightarrow S + 2H_2O$

(2) 酸素原子の数が等しい⇒酸化数の変化に注目して半反応式を組み立てる。

①変化を矢印で結んで表す。　　$H_2O_2 \longrightarrow O_2$

②酸化数の変化を調べて，e⁻を加える。

（酸化数は $(-1) \times 2$ から 0 に 2 増加した。）

$\underset{-1}{H_2O_2} \longrightarrow \underset{0}{O_2} \boxed{+ 2e^-}$

読解力 UP↑

原子が2個あるので原子2個分の酸化数の変化を考える。

③両辺の電荷の合計が等しくなるように，

H⁺を加える。（左辺に合わせて右辺の電荷を0にする。）

$H_2O_2 \longrightarrow O_2 \boxed{+ 2H^+} + 2e^-$

④両辺の水素原子Hの数が等しくなるように H_2O を加えるが，等しいので，このままでよい。　　$H_2O_2 \longrightarrow O_2 + 2H^+ + 2e^-$

答 (1) $SO_2 + 4H^+ + 4e^- \longrightarrow S + 2H_2O$

(2) $H_2O_2 \longrightarrow O_2 + 2H^+ + 2e^-$

教科書
p.175
問 8

次の半反応式を用いて，$KMnO_4$（硫酸酸性）と SO_2 の酸化還元反応をイオン反応式で表せ。

$MnO_4^- + 8H^+ + 5e^- \longrightarrow Mn^{2+} + 4H_2O$

$SO_2 + 2H_2O \longrightarrow SO_4^{2-} + 4H^+ + 2e^-$

ポイント　**e⁻の数を等しくしてから2式を加え，e⁻を消去する。**

解き方 　上の酸化剤の式を 2 倍，下の還元剤の式を 5 倍して，2 式を加える。

$$2MnO_4^- + 16H^+ + 10e^- \longrightarrow 2Mn^{2+} + 8H_2O$$
$$5SO_2 + 10H_2O \longrightarrow 5SO_4^{2-} + 20H^+ + 10e^-$$

+) 　　　　　　　2H_2O　　　　　　　　　　　　4H^+

$$2MnO_4^- + 5SO_2 + 2H_2O \longrightarrow 2Mn^{2+} + 5SO_4^{2-} + 4H^+$$

答 $2MnO_4^- + 5SO_2 + 2H_2O \longrightarrow 2Mn^{2+} + 5SO_4^{2-} + 4H^+$

教科書 p.178 Check　半反応式を組み合わせて酸化還元の反応式をつくる際，電子を消去するように組み合わせる理由を説明しよう。

答　酸化還元反応は電子のやりとりであり，酸化剤と還元剤が過不足なく反応するときには，酸化剤が受け取る電子の数と，還元剤が失う電子の数は等しいから。

教科書 p.180 問9　硫酸酸性の 0.20 mol/L シュウ酸 $(COOH)_2$ 水溶液 25 mL を，濃度不明の過マンガン酸カリウム $KMnO_4$ 水溶液で滴定したところ，反応の終点までに 20 mL を要した。この過マンガン酸カリウム水溶液のモル濃度を求めよ。ただし，希硫酸中で MnO_4^-，$(COOH)_2$ は次のようにはたらく。

$$MnO_4^- + 8H^+ + 5e^- \longrightarrow Mn^{2+} + 4H_2O$$
$$(COOH)_2 \longrightarrow 2CO_2 + 2H^+ + 2e^-$$

ポイント　過マンガン酸イオンが受け取る電子の物質量
＝シュウ酸が与える電子の物質量

解き方　示された半反応式から，

1 mol の過マンガン酸イオン MnO_4^- は 5 mol の e^- を受け取り，

1 mol のシュウ酸 $(COOH)_2$ は 2 mol の e^- を与える。

濃度不明の過マンガン酸カリウム $KMnO_4$ 水溶液のモル濃度を c〔mol/L〕とすると，ポイントに示した酸化還元の量的関係から。

$$c〔mol/L〕\times \frac{20}{1000} L \times 5 = 0.20\ mol/L \times \frac{25}{1000} L \times 2$$

$$c = 0.10\ mol/L$$

答 **0.10 mol/L**

教科書 p.180 Check

酸化剤と還元剤が過不足なく反応したとき，酸化剤と還元剤の間に成り立つ関係を説明しよう。

答 酸化剤と還元剤が過不足なく反応したとき，酸化剤と還元剤の間でやりとりした電子の物質量は等しい。

したがって，1 mol につき a 個の電子を受け取る濃度 c〔mol/L〕，体積 V〔L〕の酸化剤の水溶液と，1 mol につき a' 個の電子を失う濃度 c'〔mol/L〕，体積 V'〔L〕の還元剤の水溶液が過不足なく反応するとき，

$$c \times V \times a = c' \times V' \times a'$$

が成り立つ。

教科書 p.181 問 a

オゾンを含む気体を過剰量のヨウ化カリウム水溶液に通じたところ，ヨウ素が生じた。生じたヨウ素を 0.10 mol/L のチオ硫酸ナトリウム水溶液で酸化還元滴定したところ，終点までに 4.8 mL 必要であった。この気体に含まれていたオゾンの物質量は何 mol か。必要に応じて(a)～(f)式を用いてよい。

ポイント I_2 が受け取る e^- の物質量 ＝$S_2O_3^{2-}$ が与える電子の物質量

解き方 オゾン O_3 をヨウ化カリウム KI 水溶液に通じたときの化学反応式は

$$O_3 + H_2O + 2KI \longrightarrow O_2 + I_2 + 2KOH \quad \cdots(c)$$

よって，O_3 が 1 mol 反応すると，ヨウ素 I_2 が 1 mol できる。これより，気体に含まれていた O_3 の物質量を x〔mol〕とすると，この反応では x〔mol〕のヨウ素 I_2 が生成する。

I_2 とチオ硫酸ナトリウム $Na_2S_2O_3$ 水溶液の酸化還元滴定は，

$$I_2 + 2e^- \longrightarrow 2I^- \quad \cdots(d)$$
$$2S_2O_3^{2-} \longrightarrow S_4O_6^{2-} + 2e^- \quad \cdots(e)$$

(d)より，1 mol の I_2 は 2 mol の e^- を受け取る。

(e)より，1 mol のチオ硫酸イオン $S_2O_3^{2-}$ は 1 mol の e^- を放出する。

x〔mol〕の I_2 の滴定に 0.10 mol/L の $Na_2S_2O_3$ 水溶液が 4.8 mL 必要だったので，酸化還元の量的関係から，

$$x〔mol〕\times 2 = 0.10 \text{ mol/L} \times \frac{4.8}{1000} \text{ L} \times 1 \quad x = 2.4 \times 10^{-4} \text{ mol}$$

答 2.4×10^{-4} mol

教科書 p.183　問 10

次に示す金属イオンを含む水溶液と金属との反応を，それぞれイオン反応式で示せ。

(1)　Cu^{2+} を含む水溶液と Zn　　　(2)　Ag^+ を含む水溶液と Zn

ポイント　イオン化傾向は，Zn＞Cu＞Ag である。

解き方　(1)　イオン化傾向が Zn＞Cu なので，Zn は電子を失い Zn^{2+} となって水溶液中に溶け出し，Cu^{2+} は電子を受け取り Cu となって析出する。

(2)　イオン化傾向が Zn＞Ag なので，Zn は電子を失い Zn^{2+} となって水溶液中に溶け出し，Ag^+ は電子を受け取り Ag となって析出する。

答(1)　$Cu^{2+} + Zn \longrightarrow Cu + Zn^{2+}$　　(2)　$2Ag^+ + Zn \longrightarrow 2Ag + Zn^{2+}$

教科書 p.184　問 11

カルシウム Ca と水の反応を化学反応式で表せ。

ポイント　H_2 が発生し，カルシウムは水酸化物になる。

解き方　Ca の単体は，常温で水と激しく反応し，水素 H_2 と水酸化カルシウム $Ca(OH)_2$ を生じる。

①反応物を左辺に，生成物を右辺に書く。

$$\square Ca + \square H_2O \longrightarrow \square Ca(OH)_2 + \square H_2$$

② $Ca(OH)_2$ の係数を１として，両辺の Ca の数を等しくする。

$$1Ca + \square H_2O \longrightarrow 1Ca(OH)_2 + \square H_2$$

③両辺のＯの数，Ｈの数を等しくする。

$$1Ca + 2H_2O \longrightarrow 1Ca(OH)_2 + 1H_2$$

答 $Ca + 2H_2O \longrightarrow Ca(OH)_2 + H_2$

教科書 p.187　Check

硫酸ニッケル水溶液に銅を入れるとどうなるだろうか。理由と合わせて説明しよう。

解き方　イオン化傾向は，Ni＞Cu である。

答　イオン化傾向が，ニッケルの方が銅より大きく，ニッケルの方がイオンになりやすい。そのため，硫酸ニッケル水溶液に銅を入れても，水溶液中のニッケルイオン Ni^{2+} はイオンのままで析出せず，変化しない。

教科書 **p.189** 問 **12**　ダニエル電池の亜鉛板と硫酸亜鉛水溶液の代わりに，ニッケル Ni 板と硫酸ニッケル(Ⅱ)NiSO₄ 水溶液を用いた。起電力はもとのダニエル電池よりも大きくなるか，小さくなるか。

ポイント　**銅と亜鉛，銅とニッケルのイオン化傾向の差を比べる。**

解き方　電池は，電極に用いる 2 種の金属のイオン化傾向の差が大きいほど，起電力が大きくなる。亜鉛 Zn，銅 Cu，ニッケル Ni のイオン化傾向は，$Zn>Ni>Cu$ で，イオン化傾向の差は，電極にニッケルと銅を用いると，亜鉛と銅を用いる場合よりも小さくなる。よって，ダニエル電池の負極の亜鉛板をニッケル板に変えると，電池の起電力は小さくなる。

答 小さくなる。

教科書 **p.190** **Check**　電極に金属 M_1，M_2(イオン化傾向 $M_1>M_2$)を用い，電解質水溶液に浸した電池を図で示し，電子，電流の流れを整理しよう。

解き方 ①イオン化傾向の大きい M_1 が負極，小さい M_2 が正極になる。
②負極では，M_1 が陽イオンとなって電子 e^- を放出する酸化が起こる。
③負極で放出された e^- は導線中を正極に向かって流れる。
④正極の M_2 では，導線を流れてきた e^- を陽イオンが受け取る還元が起こる。

答

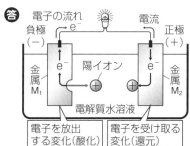

電子は M_1(負極)から M_2(正極)に向かって流れ，電流は M_2(正極)から M_1(負極)に向かって流れる。

教科書 **p.192** 問 **13**　鉛蓄電池を放電したときに酸化された物質，還元された物質をそれぞれ化学式で答えよ。また，充電によって希硫酸の濃度はどのように変化するか。

ポイント　**負極では酸化が，正極では還元が起こる。**

解き方 鉛蓄電池の両極の反応での酸化数の変化は,

負極　$\underset{0}{\text{Pb}} + SO_4{}^{2-} \longrightarrow \underset{+2}{\text{Pb}}SO_4 + 2e^-$　　　　　　（酸化）

正極　$\underset{+4}{\text{Pb}}O_2 + 4H^+ + SO_4{}^{2-} + 2e^- \longrightarrow \underset{+2}{\text{Pb}}SO_4 + 2H_2O$　（還元）

よって酸化された物質は鉛 Pb, 還元された物質は酸化鉛(Ⅳ)PbO_2である。
充電では, 次のように硫酸が生成されるので希硫酸の濃度は濃くなる。

$$Pb + 2H_2SO_4 + PbO_2 \underset{\text{充電}}{\overset{\text{放電}}{\rightleftarrows}} 2PbSO_4 + 2H_2O$$

答 酸化された物質：Pb　　還元された物質：PbO_2　　希硫酸：**濃くなる**。

教科書 p.194 問14 酸化鉄(Ⅲ)Fe_2O_3の 100 g を(67)式のように反応させると, 鉄は何 g 得られるか。なお, 反応は完全に進行するものとする。

ポイント 　**化学反応式から, 反応の量的関係を考える。**

解き方 鉄の原子量 ＝56　酸化鉄(Ⅲ)Fe_2O_3のモル質量は $56×2+16×3=$
$160\ g/mol$ なので, Fe_2O_3 100 g の物質量は, $\dfrac{100\ g}{160\ g/mol}=0.625\ mol$

　　$Fe_2O_3 + 3CO \longrightarrow 2Fe + 3CO_2$ …(67)式

より, Fe_2O_3 1 mol を製錬すると 2 倍の 2 mol の Fe が得られるので,
0.625 mol の Fe_2O_3 から 0.625 mol×2＝1.25 mol の Fe が得られる。
原子量から鉄のモル質量は 56 g/mol なので, 得られる鉄の質量は

　　1.25 mol×56 g/mol＝70 g

（別解）　モル質量が Fe_2O_3＝160 g/mol, Fe＝56 g/mol と(67)式から,
　　　　160 g の Fe_2O_3 から 56 g×2＝112 g の Fe が得られる。

　　　$100g×\dfrac{112\ g/mol}{160\ g/mol}=70\ g$

答 70 g

教科書 p.195 Check 製錬と精錬の違いを説明しよう。

答 製錬は鉱石から金属の単体を取り出す操作で, 精錬は製錬で得られた金属単体から, さらに不純物を取り除いて純度を高める操作である。

教科書 p.201 問 15　次の各電解質の水溶液を，白金電極を用いて電気分解するとき，陰極および陽極で起こる変化を，電子 e^- を用いた式でそれぞれ表せ。

(1)　硝酸銅(Ⅱ) $Cu(NO_3)_2$　　　(2)　水酸化カリウム KOH

ポイント　最も酸化・還元されやすいイオンや分子が反応する。

解き方　(1)　水溶液中には，硝酸イオン NO_3^-，銅イオン Cu^{2+}，水 H_2O がある。

陰極：Cu^{2+} が還元されて，銅になって析出する。

陽極：NO_3^- は酸化されにくいので，水が酸化されて酸素が発生する。

(2)　水溶液中には，カリウムイオン K^+，水酸化物イオン OH^-，水 H_2O がある。

陰極：K^+ はイオン化傾向が大きく還元されにくい。水が還元される。

陽極：OH^- が酸化されて，酸素が発生する。

答(1)　陰極：$Cu^{2+} + 2e^- \longrightarrow Cu$

陽極：$2H_2O \longrightarrow O_2 + 4H^+ + 4e^-$

(2)　陰極：$2H_2O + 2e^- \longrightarrow H_2 + 2OH^-$

陽極：$4OH^- \longrightarrow 2H_2O + O_2 + 4e^-$

教科書 p.201 問 16　白金を電極に用いて，$0.200\,A$ の電流を 1.93×10^3 秒間流し，硫酸銅(Ⅱ) $CuSO_4$ 水溶液を電気分解した。このとき，陽極で発生する酸素は $0\,℃$，$1.013 \times 10^5\,Pa$ で何 mL か。また，陰極に析出する銅は何 g か。

ポイント　$9.65 \times 10^4\,C$ の電気量によって，陽極では電子 $1\,mol$ を失う変化，陰極では電子 $1\,mol$ を受け取る変化が起こる。

解き方　陽極では，水が酸化されて酸素が発生する。

$2H_2O \longrightarrow O_2 + 4H^+ + 4e^-$

この式より $9.65 \times 10^4\,C$ の電気量によって，$\dfrac{1}{4}\,mol$ の酸素が発生する。

$0.200\,A$ の電流を 1.93×10^3 秒間流したときの電気量は

$0.200A \times (1.93 \times 10^3)s = 386\,C$

$386\,C$ の電気量が流れたときに，発生する酸素の物質量は

$$\frac{386\,C}{9.65 \times 10^4\,C/mol} \times \frac{1}{4} = 1.0 \times 10^{-3}\,mol$$

発生する酸素の体積は，モル体積 22.4 L/mol より，

$$22.4 \text{ L/mol} \times 1.0 \times 10^{-3} \text{ mol} = 22.4 \times 10^{-3} \text{ L} = 22.4 \text{ mL}$$

陰極の反応は　　$Cu^{2+} + 2e^- \longrightarrow Cu$

386 C の電気量が流れたときに，析出する銅の物質量は

$$\frac{386 \text{ C}}{9.65 \times 10^4 \text{ C/mol}} \times \frac{1}{2} = 2.0 \times 10^{-3} \text{ mol}$$

銅のモル質量 63.6 g/mol より，質量は

$$63.6 \text{ g/mol} \times 2.0 \times 10^{-3} \text{ mol} = 0.127 \text{ g}$$

答 酸素：**22.4 mL**　　銅：**0.127 g**

教科書 **p.201**
問 17

白金を電極に用いて，硫酸銀 $AgNO_3$ 水溶液を電気分解すると，陰極に銀が 1.08 g 析出した。このときの電気量は何Ｃか。

ポイント 　陰極で起こる変化を化学反応式で表す。

解き方 　陰極での反応は $Ag^+ + e^- \longrightarrow Ag$ より，電気量 9.65×10^4 C で銀が 1 mol 析出する。銀のモル質量は 108 g/mol なので，1.08 g の銀が析出するときの電気量は，$9.65 \times 10^4 \text{ C/mol} \times \dfrac{1.08 \text{ g}}{108 \text{ g/mol}} = 9.65 \times 10^2$ C

答 9.65×10^2 C

教科書 **p.201**
Check

２枚の銅板を硫酸銅(Ⅱ)水溶液に浸し，電池をつないで電気分解を行うときの図を描き，電子と電流の流れ，各電極で起こる反応について整理しよう。

答・電子は電池の負極から正極に向かって，電流は電池の正極から負極に向かって流れる。

・陽極の反応(酸化)：銅原子が電子を失い銅イオンになり溶液中に溶け出す。

　　$Cu \longrightarrow Cu^{2+} + 2e^+$

・陰極の反応(還元)：水溶液中の銅イオンが電子を受け取って，単体の銅になり析出する。　　$Cu^{2+} + 2e^+ \longrightarrow Cu$

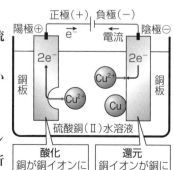

問・TRY・Checkのガイド　第３節

節末問題のガイド

教科書 p.204〜205

❶ 酸化数

関連：教科書 p.169〜170

次の下線をつけた原子の酸化数を答えよ。

(ア) $\underline{O}_2$　　(イ) $C\underline{H}_4$　　(ウ) $\underline{Al}_2O_3$　　(エ) $\underline{K}Cl$

(オ) $H_2\underline{S}O_3$　　(カ) $NaH\underline{S}O_4$　　(キ) $\underline{Cr}O_4{}^{2-}$

ポイント 化合物中の各原子の酸化数の総和は 0 である。

解き方 下線をつけた原子の酸化数を x として方程式をつくる。

(ア) 単体中の原子の酸化数は 0 である。

(イ) Hの酸化数は $+1$ なので，$x+(+1)\times4=0$　$x=-4$

(ウ) Oの酸化数は -2 なので，$2x+(-2)\times3=0$　$x=+3$

(エ) 化合物中のアルカリ金属の原子の酸化数は $+1$ である。

(オ) $(+1)\times2+x+(-2)\times3=0$　$x=+4$

(カ) $(+1)+(+1)+x+(-2)\times4=0$　$x=+6$

(キ) $x+(-2)\times4=-2$　$x=+6$

答 (ア) 0　　(イ) -4　　(ウ) $+3$　　(エ) $+1$
(オ) $+4$　　(カ) $+6$　　(キ) $+6$

❷ 酸化剤と還元剤

関連：教科書 p.172〜173

次の各反応における酸化剤と還元剤をそれぞれ化学式で示せ。

(1) $Fe_2O_3 + 2Al \longrightarrow 2Fe + Al_2O_3$

(2) $2H_2S + SO_2 \longrightarrow 3S + 2H_2O$

(3) $K_2Cr_2O_7 + H_2SO_4 + 3SO_2 \longrightarrow K_2SO_4 + Cr_2(SO_4)_3 + H_2O$

ポイント 酸化数が減少して(還元されて)いる原子を含む物質は酸化剤
酸化数が増加して(酸化されて)いる原子を含む物質は還元剤

解き方 (1) $\underset{+3}{Fe_2O_3} + \underset{0}{2Al} \longrightarrow \underset{0}{2Fe} + \underset{+3}{Al_2O_3}$

Fe_2O_3 は Fe の酸化数が減少して(還元されて)いるので酸化剤，Al は酸化数が増加して(酸化されて)いるので還元剤である。

(2) $\underset{-2}{2H_2S} + \underset{+4}{SO_2} \longrightarrow \underset{0}{3S} + 2H_2O$

H₂S は，S の酸化数が増加して(酸化されて)いるので還元剤，SO₂ は，
S の酸化数が減少して(還元されて)いるので酸化剤である。

(3) $\underset{+6}{K_2\underline{Cr}_2O_7} + H_2SO_4 + 3\underset{+4}{S\underline{O}_2} \longrightarrow K_2SO_4 + \underset{+3}{\underline{Cr}_2}\underset{+6}{(\underline{S}O_4)_3} + H_2O$

K₂Cr₂O₇ は，Cr の酸化数が減少して(還元されて)いるので酸化剤，SO₂
は，S の酸化数が増加して(酸化されて)いるので還元剤である。

答 (1)　酸化剤：Fe₂O₃，　還元剤：Al

(2)　酸化剤：SO₂，　還元剤：H₂S

(3)　酸化剤：K₂Cr₂O₇，　還元剤：SO₂

---

❸ 酸化還元反応

次の各記述のうち，酸化還元反応であるものを２つ選べ。

(1)　硝酸銀水溶液に塩化ナトリウム水溶液を加えると，塩化銀の白色沈殿を生じた。

(2)　米粒大のナトリウムを水に加えると，激しく反応した。

(3)　濃塩酸をガラス棒につけ，濃アンモニア水に近づけると，ガラス棒から白煙が生じた。

(4)　硫酸で酸性にしたヨウ化カリウム水溶液に，過酸化水素水を滴下すると，混合水溶液が褐色になった。

ポイント　化学反応式を書いて，酸化数が変化しているかを調べる。

解き方 (1)　AgNO₃ + NaCl ⟶ AgCl + NaNO₃
どの原子の酸化数も変化していない。

思考力UP↑
単体⇆化合物の反応は酸化数が変化しているので，酸化還元反応である。

(2)　$\underset{0}{2\underline{Na}} + \underset{+1}{2\underline{H}_2O} \longrightarrow \underset{+1}{2Na\underline{O}H} + \underset{0}{\underline{H}_2}$

Na の酸化数が 0 から +1 に増加して酸化
され，H の酸化数が +1 から 0 に減少して H₂O が還元されているので，酸化還元反応である。

(3)　HCl + NH₃ ⟶ NH₄Cl　中和反応で酸化数は変化していない。

(4)　$2K\underset{-1}{\underline{I}} + H_2SO_4 + H_2\underset{-1}{\underline{O}_2} \longrightarrow \underset{0}{\underline{I}_2} + 2H_2\underset{-2}{\underline{O}} + K_2SO_4$

I の酸化数が -1 から 0 に増加して KI が酸化され，O の酸化数が -1
から -2 に減少して H₂O₂ が還元されているので，酸化還元反応である。

答 (2)・(4)

❹ **酸化剤と還元剤の化学反応式** 関連：教科書 p.172～175

　過酸化水素 H_2O_2 水に硫酸 H_2SO_4 水溶液を加え，これに硫化水素 H_2S 水を加えて反応させた。この反応について，次の各問に答えよ。

(1) H_2O_2 および H_2S の半反応式を，電子 e^- を用いた式で記せ。ただし，この反応では，H_2O_2 は H_2O に，H_2S は S に変化する。

(2) (1)で得られた半反応式を組み合わせて，化学反応式をつくれ。

ポイント (2)酸化剤と還元剤の半反応式の e^- を等しくして，2 式を加える。

解き方 (1)　H_2O_2 の半反応式

①反応前後の物質を矢印で結ぶ。　$H_2O_2 \longrightarrow H_2O$

②両辺の O の数が等しくなるように H_2O を加える。

$$H_2O_2 \longrightarrow \boxed{2} H_2O$$

③両辺の H の数が等しくなるように H^+ を加える。

$$H_2O_2 \boxed{+\ 2H^+} \longrightarrow 2H_2O$$

④両辺の電荷が等しくなるように e^- を加える。

$$H_2O_2 + 2H^+ \boxed{+\ 2e^-} \longrightarrow 2H_2O$$

H_2S の半反応式

①反応前後の物質を矢印で結ぶ。　$H_2\underline{S} \longrightarrow \underline{S}$

②酸化数の変化を調べて e^- を加える。

$$H_2\underset{-2}{\underline{S}} \longrightarrow \underset{0}{\underline{S}} \boxed{+\ 2e^-}$$

③両辺の電荷の合計が等しくなるように H^+ を加える。

$$H_2S \longrightarrow S \boxed{+\ 2H^+} + 2e^-$$

(2)　H_2O_2 が酸化剤，H_2S が還元剤としてはたらく。

酸化剤：$H_2O_2 + 2H^+ + 2e^- \longrightarrow 2H_2O$ …①

還元剤：$H_2S \longrightarrow S + 2H^+ + 2e^-$ …②

①式と②式を加えて，e^- を消去すると

$$H_2O_2 + H_2S \longrightarrow 2H_2O + S$$

答 (1)　H_2O_2 の半反応式：$H_2O_2 + 2H^+ + 2e^- \longrightarrow 2H_2O$

　　　H_2S の半反応式：$H_2S \longrightarrow S + 2H^+ + 2e^-$

(2)　$H_2O_2 + H_2S \longrightarrow 2H_2O + S$

【論述問題】

❺ 酸化還元反応の量的関係

関連：教科書 p.179～180

ある濃度の過酸化水素 H_2O_2 水 10 mL に希硫酸 H_2SO_4 を加えて酸性にした。これに 0.10 mol/L の過マンガン酸カリウム $KMnO_4$ 水溶液を滴下していくと，30 mL 加えたところで過酸化水素が過不足なく反応した。この酸化還元滴定で，$KMnO_4$ および H_2O_2 は，それぞれ次のようにはたらく。

$$MnO_4^- + 8H^+ + 5e^- \longrightarrow Mn^{2+} + 4H_2O$$

$$H_2O_2 \longrightarrow O_2 + 2H^+ + 2e^-$$

(1) この反応の完了は，どのようなことから判断すればよいか。

(2) この反応をイオン反応式で表せ。

(3) この過酸化水素水のモル濃度を求めよ。

ポイント　酸化剤が受け取る電子の物質量＝還元剤が失う電子の物質量

解き方
(1) 過マンガン酸イオン MnO_4^- により過マンガン酸カリウム $KMnO_4$ 水溶液は赤紫色だが，過酸化水素 H_2O_2 と反応すると色が消える。H_2O_2 と過不足なく反応したあとは，さらに $KMnO_4$ 水溶液を滴下しても色が消えなくなる。

(2) 問題に示された化学反応式より，電子を受け取る過マンガン酸カリウムは酸化剤，電子を失う H_2O_2 は還元剤としてはたらく。

$$MnO_4^- + 8H^+ + 5e^- \longrightarrow Mn^{2+} + 4H_2O \quad \cdots ①$$

$$H_2O_2 \longrightarrow O_2 + 2H^+ + 2e^- \quad \cdots ②$$

①式×2，②式×5 として，2つの式を加えて e^- を消去すると，次のイオン反応式ができる。

$$2MnO_4^- + 6H^+ + 5H_2O_2 \longrightarrow 2Mn^{2+} + 8H_2O + 5O_2$$

(3) 酸化還元滴定の終点では，酸化剤が受け取る電子の物質量と還元剤が失う電子の物質量は等しいので，過酸化水素水のモル濃度を c〔mol/L〕とすると，

$$0.10 \text{ mol/L} \times \frac{30}{1000} \text{ L} \times 5 = c \text{〔mol/L〕} \times \frac{10}{1000} \text{ L} \times 2$$

$$c = 0.75 \text{ mol/L}$$

答 (1) 滴下した過マンガン酸イオンの赤紫色が振り混ぜても消えなくなったときを反応の終点とする。

(2) $2MnO_4^- + 6H^+ + 5H_2O_2 \longrightarrow 2Mn^{2+} + 8H_2O + 5O_2$

(3) **0.75 mol/L**

節末問題のガイド　第3節

【論述問題】

❻ 金属樹
関連：教科書 p.182 実験 6

硫酸銅(Ⅱ)水溶液に鉄釘（てつくぎ）を浸したところ，鉄釘上に銅が析出した。この反応を銅と鉄のイオン化傾向の大小から説明せよ。

鉄釘

CuSO₄水溶液

ポイント イオン化傾向の小さい方の金属が析出する。

解き方 　鉄と銅では鉄の方がイオン化傾向が大きく，次の反応が起こる。
$$Cu^{2+} + Fe \longrightarrow Cu + Fe^{2+}$$

答 鉄の方が銅よりもイオン化傾向が大きいため，鉄は陽イオンになりやすく，銅は陽イオンになりにくい。したがって，銅(Ⅱ)イオンを含む水溶液に鉄釘を浸すと，鉄釘上に銅が析出する。

❼ 金属と酸の反応
関連：教科書 p.183, 185

次の各操作で反応が起こるか起こらないかを答えよ。また，反応する場合は，その反応を化学反応式で表せ。

(1) 塩酸に亜鉛を入れる。　　(2) 希硫酸に銅を入れる。
(3) 熱濃硫酸に銅を入れる。　(4) 希硝酸に銅を入れる。
(5) 濃硝酸に銀を入れる。　　(6) 濃硝酸に金を入れる。

ポイント 銅や銀は，強い酸化力のある硝酸や熱濃硫酸とは，反応する。

解き方 (1) 亜鉛は希硫酸や塩酸などと反応して水素を発生する。

(2)～(5) 銅や銀は希硫酸や塩酸などとは反応しないが，強い酸化作用を示す熱濃硫酸や硝酸とは反応して溶ける。熱濃硫酸では二酸化硫黄，希硝酸では一酸化窒素，濃硝酸では二酸化窒素が発生する。

(6) 金はイオン化傾向が非常に小さく，硝酸や熱濃硫酸とも反応しない。

答 (1) 起こる。　$Zn + 2HCl \longrightarrow ZnCl_2 + H_2$

(2) 起こらない。

(3) 起こる。　$Cu + 2H_2SO_4 \longrightarrow CuSO_4 + 2H_2O + SO_2$

(4) 起こる。　$3Cu + 8HNO_3 \longrightarrow 3Cu(NO_3)_2 + 4H_2O + 2NO$

(5) 起こる。　$Ag + 2HNO_3 \longrightarrow AgNO_3 + H_2O + NO_2$

(6) 起こらない。

❽ 金属の推定
関連：教科書 p.183～186

金属 A～D は，銀，マグネシウム，鉄，カルシウムのうちのいずれかである。
次の(1)～(4)の記述を読み，それぞれどの金属であるかを推定し，元素記号で示せ。
(1) A～D を常温の水に加えると，B だけが反応した。
(2) A～D を希硫酸に加えると，A～C は反応したが，D は反応しなかった。
(3) A は熱水と反応して，気体を発生した。
(4) C を濃硝酸に加えると，直後は反応したが，すぐに反応しなくなった。

ポイント 4つの金属を，イオン化傾向の大きさの順に並べてみる。

解き方 イオン化傾向は，大きい方から Ca>Mg>Fe>Ag の順である。
  (1) 常温の水に B だけが反応したので，B はイオン化傾向が最も大きいカルシウム Ca である。
  (2) D だけが希硫酸と反応しなかったので，D はイオン化傾向が最も小さい銀 Ag である。
  (3) 常温の水とは反応せず，熱水と反応するのはマグネシウム Mg である。
  (4) 鉄 Fe を濃硝酸に浸すと不動態になるので，それ以上溶けなくなる。
答 A：Mg　　B：Ca　　C：Fe　　D：Ag

❾ 酸化還元反応
関連：教科書 p.181, 183～184

次の各文中の下線部に誤りがあれば訂正せよ。ただし，誤りがない場合は「なし」と記せ。
(ア) ヨウ化カリウム KI 水溶液にオゾン O_3 を通じると，ヨウ素 I_2 が析出する。
(イ) マグネシウムは，熱水と反応して，酸素 O_2 を発生する。
(ウ) イオン化傾向の大きい金属ほど，単体の酸化作用が強い。

ポイント (ウ)金属の単体は電子を相手に与えて，陽イオンになる。

解き方 (ア) オゾン O_3 は強い酸化作用を示し，ヨウ化物イオン I^- を酸化してヨウ素 I_2 を析出させる。この反応は O_3 の定量に利用されている。
$$O_3 + H_2O + 2KI \longrightarrow O_2 + I_2 + 2KOH$$
(イ) マグネシウムは熱水と反応して，水素を発生する。
$$Mg + 2H_2O \longrightarrow Mg(OH)_2 + H_2$$
(ウ) イオン化傾向の大きい金属ほど，電子を放出して陽イオンになりやすいので，相手の物質に電子を与える還元作用が強い。

節末問題のガイド　第3節

答 (ア) なし　(イ) 水素 H_2　(ウ) 還元作用

---

⑩ 電池の原理

関連：教科書 p.188

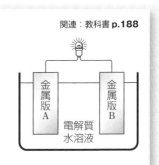

　ある電解質水溶液に2種類の金属板A，Bを電極として浸し，電池を作成した。この電池に関する次の記述について，空欄にあてはまる語句をそれぞれ「正」または「負」で答えよ。ただし，イオン化傾向は，A＞B とする。

　この電池では，イオン化傾向の大きい金属板Aが（　ア　）極となる。この電池を放電させると，（　イ　）極で還元反応が起こり，このとき，電流は（　ウ　）極から（　エ　）極に流れる。

ポイント 電子の流れる向きと電流の流れる向きは，向きが逆である。

解き方 イオン化傾向の大きい方の金属に，電子を放出して陽イオンになる酸化反応が起こって，負極になる。正極では，導線から流れてきた電子を受け取って還元反応が起こる。

答 (ア) 負　(イ) 正　(ウ) 正　(エ) 負

---

⑪ 鉄の製錬

関連：教科書 p.194

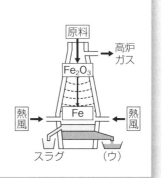

　次の文中の空欄に適切な語句を入れよ。

　溶鉱炉に，赤鉄鉱（主成分 Fe_2O_3）を入れ，さらにコークス C，石灰石（主成分 $CaCO_3$）を加えて熱風を吹きこむと，コークスが燃焼し，気体の（　ア　）を生じる。生じた（ア）は，鉄の酸化物を（　イ　）し，単体の鉄 Fe を生じる。このようにして得られた鉄は，炭素を約4％含んでおり，（　ウ　）とよばれる。融解した（ウ）を転炉に移し，酸素を吹きこんで，炭素を0.02～2％にしたものは（　エ　）とよばれる。

ポイント 鉄の製錬は鉄の酸化物を還元する操作である。

解き方 溶鉱炉では，一酸化炭素 CO で鉄の酸化物を還元し，銑鉄を得る。
$$Fe_2O_3 + 3CO \longrightarrow 2Fe + 3CO_2$$

答 (ア) 一酸化炭素　(イ) 還元　(ウ) 銑鉄　(エ) 鋼

終章　化学が拓く世界　教科書 p.206〜213

教科書の整理

A 水道水について考えよう

●水道水の製法

取水 → 沈砂池 → 凝集剤注入 → 沈殿池 → オゾン接触池 → 生物活性炭処理 → 次亜塩素酸ナトリウム注入

- **沈砂池**　砂や土などを沈めて取り除く。
- **凝集剤注入**　凝集剤として**ポリ塩化アルミニウム**などを注入し、小さな汚れを大きな塊にして沈め、沈殿物を取り除く。
- **オゾン接触池**　オゾンの酸化作用を利用して、カビ臭の原因となる有機物などを分解する。
- **生物活性炭処理**　活性炭の吸着作用と活性炭に生息する微生物によって、有機物やアンモニアを取り除く。
- **急速ろ過**　水を、砂と砂利の層に通してきれいにする。
- **塩素**　水道水には消毒のために塩素が加えられている（次亜塩素酸ナトリウムを注入する）。塩素は酸化剤としてはたらき、細菌などの繁殖を防ぐ。水道法によって、水道水に残留する塩素濃度は 1 L あたり 0.1 mg 以上と定められている。

B 食品の保存について考えよう

①**食品添加物**　食品の保存性を高めるために添加される物質。安全性が保証される必要があり、食品添加物として使用できる物質とその使用量は法律で定められている。

- **酸化防止剤**　食品の酸化を防ぐための食品添加物。代表的なものに、ビタミンC（アスコルビン酸）、ビタミンE（トコフェロール）がある。強い還元作用をもち、食品よりも先に酸化されるために食品の酸化を防ぐことができる。
- **保存料**　細菌の繁殖を抑えるための食品添加物で、安息香酸やその塩、ソルビン酸やその塩などがある。安息香酸ナトリウムはしょう油などに、ソルビン酸カリウムはソーセージなどに添加されている。

もっと詳しく

緩速ろ過：比較的水質が良い場合は緩やかな速度でろ過を行い、砂の層に繁殖した微生物の浄化作用により水を浄化する。

もっと詳しく

ポリ塩化アルミニウムは水中で正の電荷をもち、浮遊物どうしを凝集させる。

もっと詳しく

食品の酸化の主な原因は空気中の酸素なので、食品容器内を真空にしたり、窒素を充填したりしている。

C 洗剤について考えよう

①**界面活性剤**　水になじみやすい親水性の部分と，油になじみやすい親油性の部分をもつ物質。水と油を混合させやすくし，また衣類の油汚れを水中に分散させるはたらきをする。

・**セッケン**　炭素原子が長く連なった親油性の部分と，親水性の部分 –COONa とをもつ。カルシウムイオン Ca^{2+} やマグネシウムイオン Mg^{2+} を多く含む硬水では難溶性の塩を生じて，洗浄力が低下する。また，水溶液が弱い塩基性を示すため，絹や羊毛の繊維を傷めるという欠点がある。

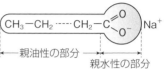

セッケンの構造

> ### もっと詳しく
>
> 　セッケン水はある濃度以上になると，分子が親油性の部分を内側に，親水性の部分を外側にして並び，球状のミセルとよばれる集合体をつくる。油汚れを取り込んだミセルは，水になじみやすくなる。

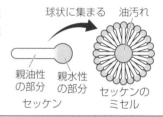

・**合成洗剤**　石油を原料とした合成洗剤はセッケンと異なり，硬水中でも難溶性の塩をつくらないので，洗浄力が低下しない。水溶液が中性を示すので，絹や羊毛にも使える。

> ### もっと詳しく
> セッケンは弱酸と強塩基の塩なので水溶液は弱い塩基性，合成洗剤は強酸と強塩基の塩なので水溶液は中性を示す。

D リサイクルについて考えよう

①**アルミニウムのリサイクル**　回収されたアルミニウム缶からアルミニウムをつくるのに必要な電力量は，ボーキサイトから新たにアルミニウムをつくる場合の約3％で，97％ものエネルギーを節約できる。

②**プラスチックのリサイクル**　プラスチックは，生活を豊かにするために大量生産されるが，大量の廃棄物が環境問題を引き起こしている。この問題の解決のためにも，また，原料が石油なので，資源の有効活用という観点からも，リサイクルが必要である。効率よくリサイクルを行うためには，廃棄物の分別回収が重要である。

> ### もっと詳しく
> 回収されたペットボトルは，繊維や文具などに再利用されている。また，ペットボトルからペットボトルを再生する取り組みも拡大している。

実験のガイド

🧪 実　験　**1. 水道水に含まれる塩素濃度を測定する**

方法
・蛇口を開いてすぐの水は，前回使用したときから配管内に残っていた水である。「蛇口から出たばかりの水道水」を用意するときは，蛇口を開いてしばらく水を出した後の水を採取する。

・残留塩素(遊離用)分析用のチューブは，虫ピンで穴をあけ，指でつぶして中の空気を抜き，ビーカーに入れた水道水に入れてチューブの中に水を吸いこむ。

・説明書に書いてある時間がたったら，標準の色と比較する。そのあとも，色の変化が続くので，測定時間は必ず守り，測定後のチューブは説明書にしたがって廃棄する。

結果 (結果の例)

	出たばかりの水道水	家庭用浄水器を通した水	沸騰させて冷ました水道水	2日間放置した水道水
塩素濃度[mg/L]	0.2	0	0.1	0

考察　蛇口から出たばかりの水道水の塩素濃度が最も高い理由は，水道水には消毒のために塩素を添加することが水道法で定められているからである。

塩素は気体のため，沸騰させると減少する。また，放置しておいても空気中に出ていくので，減少する。家庭用浄水器では，ろ過膜や活性炭に吸着して塩素を取り除いているので，浄水器を通すと塩素が減少する。

🔍もっと詳しく

ミネラルウォーターは，加熱処理などで殺菌処理を行うが，塩素消毒などの化学的処理は行われていないため，塩素は含まれていない。

🧪 実　験　**2. 食品中のビタミンCの量を調べる**

結果 (結果の例)　1滴=0.05 mL の場合，薄めたヨウ素の水溶液の色が消えたときの滴下量は次のような結果になった。

	ビタミンCの水溶液	ビタミンC飲料	緑茶飲料
滴下数(体積)	6滴(0.3 mL)	4滴(0.2 mL)	40滴(2 mL)

｜考察｜ ビタミンC飲料100 mLに含まれるビタミンCの量をx〔g〕，緑茶飲料100 mLに含まれるビタミンCの量をy〔g〕とすると，

$$\frac{0.3\ \text{g}}{100\ \text{mL}}\times 0.3\ \text{mL}=\frac{x\text{〔g〕}}{100\ \text{mL}}\times 0.2\ \text{mL}=\frac{y\text{〔g〕}}{100\ \text{mL}}\times 2\ \text{mL}$$

x〔g〕＝0.45 g　　y〔g〕＝0.045 g

ビタミンC飲料100 mL中には約450 mgのビタミンCが，緑茶飲料100 mL中には約45 mgのビタミンCが含まれる。

教科書 p.211　実験　3. 洗剤の濃度と洗浄力の違いを確認する

｜考察｜ 洗剤は，ある濃度以上になると，水溶液中で多数の粒子が集まってミセルを形成し，油汚れを内部に取り込んで水中に分散するようになる。

したがって，ミセルを形成できる濃度より薄いと，洗浄作用を十分に発揮できないので，洗剤の使用目安の半分ではラー油は溶け出しにくい。しかし，ミセルができはじめる濃度に達すると，さらに濃度を高くしても洗浄力はあまり大きくならないので，洗剤の濃度を5倍，10倍にしても結果にあまり違いが出ない。

表現力UP↑

洗剤に記載されている使用量の目安とは，目安にしたがって洗剤の水溶液をつくったとき，ちょうどミセルができはじめる濃度になる，という量である。

教科書 p.213　実験　4. プラスチックの性質を調べる

｜方法｜ 方法❸で，銅線をガスバーナーで加熱し，そこにプラスチックをつけて再びガスバーナーの炎の中に入れて炎の色の変化を調べる方法は，バイルシュタイン反応とよばれる。プラスチックに塩素原子 Cl が含まれていると，Cl と加熱した銅 Cu とが反応して塩化銅（Ⅱ）$CuCl_2$を生成する。炎の中に入れると銅イオン Cu^{2+} が青緑色の炎色反応を示す。この方法で，プラスチックに塩素が含まれているかどうかを調べることができる。

｜考察｜ (1)　3種類の液体は密度が異なるので，方法❶の結果で，各プラスチックを密度により分類できる。

（結果の例）

溶液と密度		ポリエチレン	ポリプロピレン	ポリエチレンテレフタラート	ポリスチレン	ポリ塩化ビニル
50%エタノール水溶液	0.9 g/cm³	×	○	×	×	×
水	1.0 g/cm³	○	○	×	×	×
飽和食塩水	1.2 g/cm³	○	○	×	○	×

○：浮いた　×：沈んだ

● **密度による分類**

0.9 g/cm³ 以下：ポリプロピレン

0.9〜1.0 g/cm³：ポリエチレン

1.0〜1.2 g/cm³：ポリスチレン

1.2 g/cm³ 以上：ポリエチレンテレフタラート，ポリ塩化ビニル

(2)　方法❷では，プラスチックによって燃えやすさや燃え方に違いがあった。

（結果の例）

ポリプロピレン	燃えやすい。ろうそくのようなにおいがし，溶けながら燃える。
ポリエチレン	燃えやすい。溶けながら燃えて，すすが出る。
ポリエチレンテレフタラート	燃えにくい。溶けてしたたる。
ポリスチレン	燃えやすい。明るい炎を出して燃える。
ポリ塩化ビニル	燃えにくい。炎から出すと，火が消える。

方法❸では，ポリ塩化ビニルは，炎の色が青緑になった。このことから，ポリ塩化ビニルは塩素を含むことがわかる。

(3)　プラスチックは有機化合物なので，燃えると二酸化炭素を発生する。二酸化炭素は，地球温暖化をすすめる温室効果ガスのひとつである。大量に廃棄され，海に流れ着いたプラスチックは，細かくくだけてマイクロプラスチックとなって世界中に拡散し，地球環境や生物に影響を与えている。

　地球温暖化を防ぎ，環境を破壊しないために，プラスチックを分別回収してリサイクルすることが必要である。

TRYのガイド

教科書
p.209
TRY ①

　私たちの身のまわりにある食品について，保存のためにどのような工夫が
なされているか調べてみよう。

解き方 酸素や光，湿度などによって食品を劣化させない工夫や，微生物の生育
を防ぐ工夫がされている。

答①食品を劣化させない工夫
　　A．酸素に触れさせないようにする
　　　(a)酸素を透過させにくい素材の袋や容器に入れる，ラップで包む。
　　　(b)容器の中を真空にする。…真空パック
　　　(c)袋や容器の中に窒素を充てんする。…ポテトチップスの袋など
　　　(d)加熱・調理した食品をびん詰めや缶詰め，レトルトパックにする。
　　　(e)容器や袋の中に脱酸素剤を入れる。
　　　(f)食品に酸化防止剤を添加する。
　　B．湿気を防ぐ。
　　　(a)容器や袋の中に乾燥剤を入れる。
　　C．光による劣化を防ぐ。
　　　(a)褐色などの色のついたびんに入れる。
　　　(b)ポテトチップスの袋などでは，裏側にアルミニウムの薄膜を付着さ
　　　　せたフィルムを使う。
　②微生物の繁殖を抑える工夫
　　A．微生物の生育には水が必要なので乾燥させる。…干物，乾物，フリ
　　　　ーズドライ
　　B．塩漬けや砂糖漬けにする(まわりの塩や砂糖の濃度が高いと，微生
　　　　物から水分が奪われて生育できない)。
　　C．酢漬けにする。酸性が強い環境では微生物は生育できない。
　　D．温度を下げる。…冷凍食品
　　E．害のない微生物を先に繁殖させて，害のある微生物が繁殖できない
　　　　ようにする。…みそ，しょうゆ，納豆，チーズなど
　　F．燻製にする。殺菌効果のある煙でいぶして，表面に殺菌効果のある
　　　　膜をつくる。…ソーセージ，スモークサーモン。

付録8　原子軌道　発展　　教科書 p.224〜226

教科書の整理

A　電子殻と原子軌道

①**電子殻**　原子内の電子は，電子殻に存在する(第1章第2節)。電子殻は，中心の原子核から1番目($n=1$)がK殻，$n=2$ がL殻，$n=3$ がM殻，$n=4$ がN殻…となっている。

②**原子軌道**　電子殻は，原子軌道とよばれる軌道から構成され，電子はそれらの原子軌道に存在している。原子軌道にはs軌道，p軌道，d軌道，f軌道…がある。s軌道は1種類だが，p軌道にはp_x，p_y，p_zの3種類，d軌道には5種類，f軌道には7種類の方向や形の異なる軌道がある。

> **⚠ここに注意**
> 内側からn番目の電子殻を構成する原子軌道は，ns軌道，np軌道など，番号をつけて表す。

●**電子殻と原子軌道**

・K殻($n=1$)…球形の 1s 軌道のみ。

・L殻($n=2$)…球形の 2s 軌道と，x軸，y軸，z軸の方向にある3種類の 2p 軌道($2p_x$，$2p_y$，$2p_z$)で構成される。

・M殻($n=3$)…3s 軌道と，3種類の 3p 軌道($3p_x$，$3p_y$，$3p_z$)，5種類の 3d 軌道で構成される。

・N殻($n=4$)…4s 軌道と，3種類の 4p 軌道($4p_x$，$4p_y$，$4p_z$)，5種類の 4d 軌道，7種類の 4f 軌道で構成される。

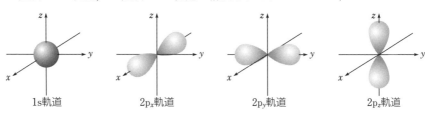

1s軌道　　2p$_x$軌道　　2p$_y$軌道　　2p$_z$軌道

電子殻	K殻	L殻		M殻			N殻			
電子軌道	1s	2s	2p	3s	3p	3d	4s	4p	4d	4f
軌道の数	1	1	3	1	3	5	1	3	5	7
電子の数	2	2	6	2	6	10	2	6	10	14
(合計)	2	8		18			32			

教科書の整理 付録8

B 原子軌道と電子配置

●原子軌道における電子の収容のされ方

①電子は，エネルギーの低い原子軌道から順に収容されていく。

②各原子軌道には，最大で2個の電子が収容される。

③p軌道のようにエネルギーが等しい軌道が複数ある場合には，電子は1個ずつ，できるだけすべての軌道に電子が入るように収容される。

図のように，M殻の3d軌道よりN殻の4s軌道のほうがエネルギーが低いため，$_{20}$Caの19，20番目の電子はM殻の3d軌道ではなく，エネルギーの低いN殻の4s軌道に収容される。

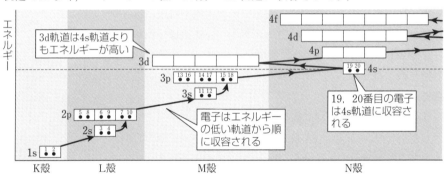

原子番号が21〜29の遷移元素では，M殻の3d軌道に電子が収容されていくので最外殻（N殻）の電子の数は，1〜2個で変化しない。

> **⚠ここに注意**
> N殻以降も，s軌道は，1つ内側の電子殻のd軌道よりエネルギーが低いため，K殻以外は最外殻電子の数の最大値は8個になる。

C 分子の形と混成軌道

①**混成軌道** 炭素原子$_6$Cの電子配置は，1s軌道に2個，2s軌道に2個，2p軌道に2個で不対電子が2個あり，原子価は2となるはずだが，メタンCH_4のCの原子価は4である。これは，2s軌道の電子が2p軌道に移動して，2s軌道と2p軌道から同じエネルギーと形状をもつ4種類の軌道が形成されるためで，これを混成軌道という。特にs軌道1つとp軌道3つから形成される混成軌道をsp^3混成軌道という。

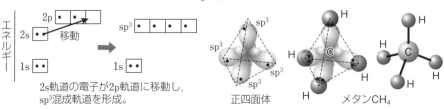

2s軌道の電子が2p軌道に移動し，sp^3混成軌道を形成。　正四面体　メタンCH_4

●混成軌道と分子の形

・メタン　炭素原子は価電子が4個なので，4種類のsp^3混成
軌道に1個ずつ電子が入って不対電子となる。よって，メタ
ンの分子の形は正四面体形になる。

・アンモニア　窒素原子は価電子が5
個なので，4種類のsp^3混成軌道に
5個の電子が入り，不対電子が3個
となる。そのため，アンモニアの分
子の形は三角錐形になる。

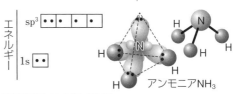

窒素原子 $_7$N の混成軌道

・水　酸素原子は価電子が6個なので，
4種類のsp^3混成軌道に6個の電子
が入り，不対電子が2個となる。そ
のため，水の分子の形は折れ線形に
なる。

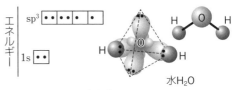

酸素原子 $_8$O の混成軌道

ＴＲＹのガイド

教科書
p.225
TRY ①

臭素原子 $_{35}$Br の電子配置を図 c に示したい。21個目からの電子を図に記入
せよ。ただし，入っていく順番を示す番号は示さなくてよい。

解き方　エネルギーの低い原子軌道から順に入れていく。3d 軌道に2個ずつ入
れ，5個の電子を4p 軌道の3種類の軌道すべてに入るように振り分ける。

答

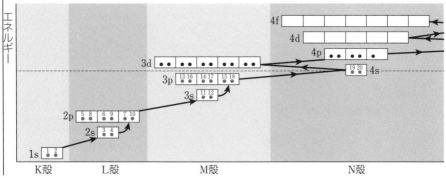

A

第一学習社版・高等学校　化学基礎